# 如何正确生气

〔美〕安德烈娅·勃兰特（Andrea Brandt）/ 著　　朱林勇 / 译

华夏出版社

HUAXIA PUBLISHING HOUSE

## 图书在版编目（CIP）数据

如何正确生气 / (美) 安德烈娅·勃兰特 (Andrea Brandt) 著；朱林勇译 . —— 北京：华夏出版社有限公司，2023.6

书名原文：Mindful Anger: A Pathway to Emotional Freedom

ISBN 978-7-5222-0285-3

Ⅰ . ①如… Ⅱ . ①安… ②朱… Ⅲ . ①愤怒—自我控制—通俗读物 Ⅳ . ① B842.6-49

中国版本图书馆 CIP 数据核字（2022）第 023231 号

北京市版权局著作权合同登记号：图字 01-2021-6745 号

## 如何正确生气

**作　者** ［美］安德烈娅·勃兰特

**译　者** 朱林勇

**责任编辑** 赵　楠

**出版发行** 华夏出版社有限公司

**经　销** 新华书店

**印　装** 三河市万龙印装有限公司

**版　次** 2023 年 6 月北京第 1 版　　2023 年 6 月北京第 1 次印刷

**开　本** 880 × 1230　1/32 开

**印　张** 8.5

**字　数** 143 千字

**定　价** 59.00 元

**华夏出版社有限公司**　网址：www.hxph.com.cn　电话：(010) 64663331 (转)

地址：北京市东直门外香河园北里 4 号　邮编：100028

若发现本版图书有印装质量问题，请与我社营销中心联系调换。

# 目录

如何正确生气

致谢

首先，我要感谢多年来参加过我的愤怒工作坊的所有人。我被你们的勇气和力量所激励和教育，我真的很感激自己能成为你们转变的一部分原因。

我还要深深感谢我的周三晚间小组和我的所有客户，很荣幸能认识你们，向你们学习，并成为你们人生旅程的一部分。

我真诚感谢愤怒领域的众多思想家和专家，他们一直给予我帮助，让我学到关于这个主题的知识和专长。我特别感谢感觉运动心理治疗研究所的帕特·奥格登，感谢她对身体的研究。她让我认识到，生气是一种健康、有创造性的日常情绪，并不是那么可怕或有威胁性。

我感谢布鲁克斯·诺尔格伦，他是这个项目中值得珍惜的合作者。我感谢他能够从大量的信息和多年的手稿中筛选出我的信息和观点。

　　我还要感谢克里斯汀·沃格尔松，她是本书早期草稿的读者之一，很早就给了我有见地的反馈和支持。

　　朋友和同事们多年来的出乎我意料的耐心、洞察力和爱的支持使我得以写完这本书。他们应该得到我真诚的感谢，感谢他们帮助我渡过难关。

　　我还要感谢费伊·霍夫。他头脑冷静，乐于助人，一丝不苟地做了大量笔记，不愧是我的忠实朋友。

　　　　　　　　　　　　　　　　　　如何正确生气

序言

　　在我的成长过程中，我的父母亲压抑了各自内心的怒火。其结果是，他俩变成了随时可能喷发的活火山。大爆发始终没有到来，但我遭受了比挨打还痛苦的、无处不在的、不易觉察的折磨，这种折磨弥漫在整个家庭生活氛围当中。

　　我父母的婚姻关系陷入了困境，父亲对婚姻不忠，母亲则把全部精力放在拉拢唯一的孩子上。她的愤怒转化成了威胁、压力和抱怨，她经常这样指责我："我这一切都是为了你，而你竟然这样对我！"母亲在醉酒回家后，会批评我跟祖母或姨妈关系太近——她不能容忍其他任何人影响自己跟女儿的关系。另一方面，她下班回到家总是筋疲力尽，无法满足我对温情和快乐的渴求。

　　我的怒火随着年龄增长而累积，但令人惊讶的是，我的父母并不鼓励我将怒火表达和释放出来。但我自有反抗的办法，比如我在二十六岁时就跟一个自己并不真爱的男人草草结了婚，只是为了看着父母操办一场盛大而奢华的婚礼。他俩付出了代价，我也一样。我和巴兹结婚以后，就把感情封闭起来，依靠理智生活。第二年，巴兹去做了心理治疗。很快，他的心理治疗师建议我也参与进来，我同意了。后来，我俩还一起参加了群体治疗。

有一天，在群体治疗过程中，一位男子的话激发了我内心压抑良久的怒火和沮丧情绪。我记不得当时他对我说了什么，但清楚地记得当时自己的反应。我猛然站起来，开始尖叫并挥动手上的皮包。巴兹就坐在房间另一边的沙发上注视着我，似乎正在琢磨他娶的究竟是个什么样的女人——或者，他眼中一贯安静平和的妻子，正在被一个狂暴不羁的孪生姐妹的灵魂所附体。

我变成了父母那样的活火山。我的情绪完全失控，心神不宁，只想夺门而出，但心理治疗师劝我留下来。我听从了，但很快崩溃，泣不成声。在接下来的四天里，我每天早晨一边淋浴一边哭泣。没过多久，我就跟巴兹离婚了。

在那次因愤怒而失态的早期经历中，我还不懂得建设性地表达和释放情绪的最佳方法。不过，深埋我心底的很多怒火都被释放了出来。这件事像一道闪电，让我深受震撼。我感到更轻松、更自在了。我开始意识到，释放怒火于人于己都有价值。随着时间的推移，我在探索愤怒奥秘的过程中建立起了健康的人际关系，懂得了以更加真诚的方式跟人打交道，并认识到自己除了会工作还有其他存在价值。在我和父母的家庭里，成功是衡量人生价值的唯一标准。但后来我认识到，幸福圆满的人生取决于很多因素。原来，生气并非坏事。相反，它是获得情绪自由的关键。

对于我而言，这种转变的引擎就是**正念练习**——把心念系于当下，任由感觉和情绪自主显现。通过静心，我们得以专注于此刻，以便倾听身体、心灵和情绪的呐喊。这是世界各地修行者早就在用的一种意识强化练习，现在成了一种心理治疗手段和可以传授的实用生活技能。正念练习是我们摆脱负面的愤怒习惯、化解诱发怒火的担忧所需的最佳工具。它让我们懂得欣赏那些本应让人生精彩纷呈的复杂情绪，而不至于陷入一种似乎总是与世界为敌的、自我压抑的封闭状态。

## 正视愤怒

我亲身经历了两个关于生气的场景：那个大声尖叫、挥舞挎包、打断心理治疗过程的"女妖"看上去也许很愤怒，而那个进门时显得安静、冷漠的女士其实内心也一样愤怒不安。当愤怒情绪以狂怒的形式表达出来时，它显然会给一个人的人际关系和事业带来毁灭性的后果。当愤怒情绪受到压抑时，它会表现为被动攻击和其他消耗自我的行为、习惯、瘾症等，甚至还会演变成疾病。

我们可能用各种方法对愤怒情绪做出回应，这些方法大多数对我们没有什么好处。完全失控的愤怒情绪发泄，无论对于自己还是他人，都意味着高昂的代价，其后果可能很轻微，也可能相当严重。最坏的情况就是我们每天在新闻里看到的那些致命后果——家庭暴力、恐怖袭击或校园枪击事件。我们都看到或听到过名人咆哮或大声抱怨时被偷录的影像或录音。这些被反复播放的爆料，可能对名人造成伤害，甚至毁掉他们的事业。普通人不大可能遭遇如此严重的暴力事件，尽管每个人身上都存在着产生这样或那样暴力伤害的机制。愤怒情绪可能因我们眼前的经历或对过去经历的回忆而爆发。通常，在事情不如意或感受到威胁时，我们会变得怒气冲冲。

我们都得承受任由愤怒发泄所带来的恶果。当我们的行为被愤怒情绪所左右时，我们会伤害我们最为宝贵的东西：我们让亲近的人疏远，毁掉孩子的自尊，搞砸商业合作，失去身体健康，断送自己的幸福与安宁。我们每个人都难免在人生道路上造成或遭受这样的伤痛。

　　　　　　　　　　　　　　如何正确生气

也许你觉得自己不是这样的。你并未真正经历很多的愤怒，从不会因为愤怒而失态。也许，你表面上从不生气，你把它深藏起来，觉得这样更安全、更可控。也许，你不记得自己有任何愤怒情绪。有没有可能你完全跟这种情绪负担无缘？不会的，除非你不属于人类。

　　我们都心怀怒火，这是人类最常见的情感之一。因此，假如你还没有感觉到它的存在，这说明你很可能不知道它隐藏在你内心深处。然而，深藏的怒火并未真正离去。眼不见不等于心不烦，当然也不意味着怒火不存在了。实际上，隐藏的怒火和明显的怒火一样具有伤害性，只不过这种伤害是由内而外发生的。很多类型的身体和情绪问题都可能源于压抑怒火，比如头痛、消化不良和失眠。癌症和心脏疾病——美国人的头号杀手——都和未化解的愤怒情绪有关。[1]

　　深藏的怒火总在等待合适的时机显露出来。因为生气是一种强烈的情绪，是能量流动的一种形式。它是一

---

1　埃德·苏斯曼：《愤怒导致心脏病发作，而开怀大笑可能是解药》，"每日健康"网站，2011年8月28日，http://www.everydayhealth.com/heart-health/0829/anger-drives-heart-attacks-but-laughter-may-be-antidote.aspx。

克里斯汀－费舍尔：《生气了？你的血清素可能很低》，"她知道"网站，2011年11月3日，http://www.sheknows.com/health-and-wellness/articles/845939/ticked-off-your-serotonin-could-be-low。

http://www.sheknows.com/health-and-wellness/articles/845939/ticked-off-your-serotonin-could-be-low.

个连续过程，最顶层表现为狂怒和好斗情绪，底层是沮丧、恼怒和生气，中间是其他各种情绪。如果我们把愤怒看作一种难以接受的情绪，我们可能会断定，像沮丧、失望、恼怒这些情绪虽然让人不舒服，但还勉强能接受。然而，这些以更温和的形式存在的愤怒情绪，依然会阻碍我们取得成功或享受生活。虽然我们的怒气并不明显，但它可能随时都在往外流露。

如何知晓自己是否正在遭受隐性愤怒的侵害？最好的指示器可能并不是有形的存在。如果你只是偶尔感觉到或体验到愤怒情绪，你应该考虑自己属于隐性愤怒这种类型。为了确认自己身上究竟有没有与愤怒相关的问题——无论明显或不明显，请回答下面这几个问题：

## 练习：你生气了吗？

1.大多数时候你都在生气吗？在个人关系或业务关系中，在言语、情绪或身体方面，你对他人表现得不友好吗？

2.对生活，对自己，或对他人，你会表现得尖酸刻薄或愤世嫉俗吗？你讲笑话是为了丑化别人、嘲弄他们、贬低他们吗？

3.你会欺负别人以取悦自己吗？

4.一旦变得愤怒，你是否很难摆脱这种情绪？你是否心怀怨恨？

5.你是否非常懊恼、失望、暴躁，却并未达到生气的程度？

6.你是否认为自己从不生气？你是否有时明知道自己肯定很生气，但就是发作不起来？

7.你是否有时候感到很无助——面临哪怕极微小的逆境也无力采取行动，做出积极的改变？你是否总觉得自己像是所处环境的受害者？

8.你是否经常或长期抑郁？

9.你是否长期搁置重要的人生理想，以为有朝一日你还有机会实现它们，而没有意识到你这辈子可能都不会再过那些生活？

如果你对以上任何一个问题都做出了肯定回答，这表明你存在着与愤怒情绪有关的问题，而你采取上述那样的方式来应对它——往好了说，这种应对方式限制了你的情绪自由和对生活的享受；往坏了说，它正在伤害你自己，也会伤害到别人。别担心，很多人跟你的情况一样。我们大多数人和愤怒的关系都不正常。我们搞不懂怎么应对这种无比强大的情绪。我希望能帮助你理解自己的愤怒情绪问题，并帮助你学会有效地应对它们。

## 情绪损失

事实上，我们处理愤怒情绪的方式会对我们的所有情感体验——包括爱——产生巨大影响。如果你很容易把怒火发泄出来，那么，你大概会意识到那样做容易跟别人疏远，在你自己和你生命中重要的人之间筑起高墙。如果你抑制怒火，其后果虽然更隐晦，却真实地存在。通过抑制怒火，我们掩盖了自己的真实感情和真实的自我，把自己包裹起来，以为这样可以保持和平，避免冲突。麻烦在于，如果我们不让别人看到那个值得被爱的真实自我，不表现出诚实和脆弱，我们就无法同他人建立亲密关系。

隐藏的怒火可能对人的情绪和心智造成毁灭性的伤害。为了避免直面情绪，我们试图通过嗑药、酗酒、过劳或滥交来麻木它们。我们总是想尽办法逃避自己的真实情绪。深藏的愤怒可能是其他表面上互不相关的问题的根源，如抑郁、冷漠、懒惰、不安、羞怯和消极，而它们可能剥夺我们对生活的热情。

你可能会吃惊地得知，抑郁可能暗示了一个与愤怒情绪有关的问题。当这个问题产生的时候，我们并不公开表达愤怒，而是自己生闷气。有时候，抑郁是由于我们压抑或忽视其他情绪——比如愤怒——所带来的后果。抑郁有其他致病原因，但如果愤怒是其根源，那么应对你的愤怒情绪可能会缓解抑郁状态。

如果不让自己感受愤怒，我们就会失去自尊和自重。很多时候，我们听任他人轻蔑地对待自己而不说出内心的感受。当别人做得很过分，伤害到我们的情感时，我们没有去警告他们。我们没有让别人明白，我们想从关系当中得到什么。我们无法做出决定，我们的人际联系当中缺乏亲密关系。咱们坦率承认吧，亲密关系的建立是以诚实为基础的。如果不表达真实的感受，我们就没有做到诚实。

生气的前兆，通常是一个人无法对自己诚实。很少有人是在情感安全的环境里——他们能够表达真情实感的地方——成长起来的。大多数人从他们的亲人那里获得的信息是：释放情感，尤其是愤怒，是任性的表现，会让人难堪，最好闷在心里。

为什么说很多男人不知道如何应对妻子的情绪是一种陈词滥调？因为事实就是如此。我曾经接待了一对夫妇。他俩不能坦诚地谈论任何敏感话题，只能谈工作、家务之类的话题。那个丈夫不敢跟妻子直说，她身上的某些特质让他感到不安。于是，他只能去找陌生人——比如酒吧女招待、网友等——诉说自己的苦楚。这种缺乏诚意的交流会引发灾难，为情感甚至肉体上的不忠创造条件。它是情爱关系的障碍。

如果习惯于否认感到厌恶的某些自身特点，我们就会限制和欺骗自己。比如说，如果我们不想继承父亲或母亲身上的某些特点，就会极力否认自己身上与他们的雷同之处。然而这样做之后，我们留给自己的选择就减少了，生命的能量就流失了，继承父母亲优点的能力也丧失了。

## 米歇尔的自白

我有一位客户非常讨厌她母亲的某些行为。在与所有朋友和家人的关系当中，她母亲都总是不断地索取。由于多年目睹母亲的这种做派，米歇尔开始认为任何形式的索取都是令人感到恐惧的。她心里想："我永远不要有索取心态，绝不表现得那样。我死也不会那样做！"

作为成年人，米歇尔竭力避免生起任何与"索取"有关的念头。她创立了自己的公司，而且完全自己打理。她完全靠自己把女儿抚养成人。这个女人完全不需要别人的帮助——即便有人想帮，她也不会接受。

不幸的是，这种信念变成了一种情绪赤字。因为她拒绝向别人敞开内心，没有人愿意同样待她。她婚姻结束的一个原因，是每当她丈夫提出任何形式的帮助时，她都会说："不用了，我能行。"他开始感到自己在妻子的生命中无足轻重，妻子实际上并不是很在乎他。

最终，米歇尔借助以正念练习为基本手段的疗愈，开始理解了自己索取心态的类型，而不再将其视为性格上的一种缺陷。求助是对被求助者的鼓励，让他们也能够马上求助于人。当这个女人开始容忍关系当中出现施与和接受时，她才能修复过去自我封闭时期遗留下来的伤痛。

当我们否认并逃离自己的情绪时，我们永远不能解决那些纠缠不休的人生难题。情绪不会仅仅因为你希望它们远离就远离了。它们住在我们心里，有自己的生命周期。当我们受伤时，身体会经历一个疗愈过程。血管会变得紧张以减缓血流速度，然后血小板和凝血蛋白会赶去疗伤，白细胞会赶去摧毁细菌、清除毒素。我们的身体懂得如何解决问题。

就像我们的身体一样，我们的心灵也有自愈能力。如果情绪没有得到妥善处理，它们就会产生毒性，对我们造成严重伤害。因此，它们会不断在生活中显现，除非问题得到解决。它们需要被疗愈。如果我们只是发泄或抑制与这些情绪有关的感觉，那么，最终什么问题也解决不了。如果忽视是什么真正让我们愤怒，我们内心的怒火就会一直燃烧着，使得我们的真正的问题得不到解决，我们的人生无法获得成长。我们会发现自己仿佛被困在永不停息的情感跑步机上。

## 正念练习：超然面对愤怒情绪

进行正念练习意味着，你得把身体的感觉和情绪暴露出来，以便对其进行检查然后加以释放。当我让人们带着他们的情绪坐下时，我知道我是要让他们做一些反直觉的事情。但我也知道，如果不妥善处理，你在幼年时期形成的对父母的怒火，将会转移到新的人际关系上。如果你不能直面这些情绪，充分感受并释放它们，它们将一直缠着你，不断再现这些情绪最初产生时的情形。如果处理得当，这些情绪能量可能对我们有利，否则，它们将把我们引向毁灭性的境地。

如果怒火升起时没被身体充分觉察并加以妥善处理，没能通过适合的方式被表达和释放出来，它就会滞留于我们的情绪和肉体中，并对我们生活的方方面面造成伤害。能量，包括情绪能量，必须流动起来。如果没有得到处理和释放，它就会在我们的生命中滞留，消耗我们的生命力，阻碍我们获得圆满人生。压抑某种能量会让人变弱，这听起来很惊悚，但其实是一种普遍现象。我们必须释放与愤怒有关的情绪，给它一条出路。

要记住，释放情绪并不意味着发泄或丢弃它，因为这样一来你实际上失去了对积压多年的怒火的控制权。释放情绪也不意味着为了除掉它们而进行打压。"怒气来了，怒气走了"这个说法道出了疗愈的完整过程，因

如何正确生气

为我们需要完全接纳这种情绪。"怒气来了"是我们承认愤怒的到来，一开始就意识到它的存在，这种意识和承认是通过正念练习来完成的。"怒气走了"既包括建设性地口头表达愤怒，也包括平息怒气并将这种能量引出身体等步骤。

通过正念练习，你将学会驾驭试图简单处理愤怒情绪的身体冲动，同时避免怒气的形成。人体这种感觉——"战斗或逃跑"反应[1]——是对一种可预见危险的警示，会引发一种或立即发泄或深埋怒气的习惯性反应。我们应该做的是对怒气产生的缘由保持足够的好奇心。这样，我们就能集中注意力，在身体对愤怒做出本能反应时，选择不同的处置办法。

你也许会体验到悲伤或者其他令人惊讶的情绪，但你也会看清楚你真正感到愤怒的原因，以及这种怒气是否掩盖了其他情绪。通过感受这些情绪——体验但不试图埋葬或驱散它们——你将获得妥善处理它们的机会。将怒气移出身体的一个重要副产品是，你由此清理干净了内在的过滤器，以便为新的情感腾出空间。这一方法甚至适用于那些你有必要放手的好情感。比如说，假如

---

1　"战斗或逃跑"反应（Fight-or-flight response），心理学、生理学名词，为 1929 年美国心理学家怀特·坎农（Walter Cannon，1871—1945）所创建。坎农发现，机体经一系列神经和腺体反应后，将被引发应激反应，使躯体做好防御、挣扎或者逃跑的准备。——译者注

你对昔日的爱情还恋恋不舍，怎么可能开始一段美好的新恋情呢？一旦妥善处理了一段情感，你就可以放下它，为新的人生经历腾出空间。正念练习就是实现这一目标的策略。

## 正念观照愤怒 实现情绪自由

我写这本书，目的就是帮你找回自我——完整、真实，并且使你能够接受你的全部情感，能充分付出和接受爱的自我。借助正念练习中的一些简单工具，你就能够强化与内在世界的连接，学会探索你的愤怒，留意它发出的重要信息。这将有助于你以更加和谐、更加有成效的方式满足自己的需求。你能不再把时间和精力浪费在害怕或回避面对自己的感受上。你将变得既能够坦然自处，又能够坦然面对你所爱的人，真正做到在生命中的艰难时刻提供他们所急需的情感支持。你还能帮助他人接受自己的性格，不再一味地取悦周遭的每一个人。

为了阻止和弥补愤怒可能对你的人际关系和你的人生造成的损害，理解你的愤怒以及应对之策是很有利的做法。要改变现有的行为模式，掌控你的情感生活，首先就要学会认识愤怒，意识到究竟在发生什么、我们自己扮演的角色以及我们还有哪些不同的选项和处置方法。假如一开始每个人就具备这种意识，并且有决心选择另类策略，帮助获取自己内心真正需要的东西，我们每天在晚间新闻里看到的或将是一个迥然不同的世界。

让我们先从评估开始。在生活中，你是如何生气的？本书的第 1 章将帮助你回答这个问题。从第 2 章开始，你将明白，愤怒会如何给你的情感生活套上链子、加上锁，然后扔掉钥匙。你将明白，一旦打碎这些锁链，人生会变得多么丰富。当然，你需要借助正确的工具。第 3 章有关于正念练习的一些基本描述，还有你马上就能做的一些练习。

在第 4 章，你将试着采用正念练习的工具，学会直面由愤怒所引发的感受及情绪。然后，在第 5 章，你将学会以富有成效的方式介入、评估和释放你心中的怒火。正念练习能使我们暂缓对愤怒做出反应，直到对生气的原因做出评估。在第 6 章，你将了解到，我们心里的怒火有时候其实是由根植于既往经历的假想或成见引起的。如果我们以正念接近愤怒，就能找出并审视这些潜藏的想法或看法。

家庭是问题的起点，许多事物都是如此，包括愤怒情绪。在第 7 章，我将带领大家回到童年时代，看看哪些家庭生活经历可能给人留下深刻的情感伤害。在第 8 章，我将介绍识别这些伤痛和愤怒的五个步骤，我们将得到从经历中学习和成长的方法。第 9、10、11 章将会谈到，清理完内心的怒火以后，我们就有机会心怀原谅和感恩，获得情绪自由，重新连接他人，开启自己的别样人生。

这本书就是要让你在生气和愤怒被诱发时，学会放慢节奏去探索，而不是习惯性地做出反应；让你将自己的愤怒视为有益情绪并探寻隐含的信息；让你重新发现童年时代因为难以接受而割舍的愤怒情绪。找回被割舍的情感是非常有益、非常有力的行为。这样做可以让我们活得更圆满、爱得更潇洒。如果真实情感有缺失，我们就无法满足自己的需求，也无法满足他人的需求。

这本书里介绍的工具能够让你的人生焕然一新。一旦学会以更加健康的方式对愤怒情绪做出回应，你就可以成为更优秀的伴侣或父／母亲，也可以让自己的家庭更加幸福，而且每个家庭成员的人生都将变得更充实、更有意义。

我还想指出的是，当你应对这些问题时，对自己抱有同情心很重要。你心里要清楚，你已经运用自己掌握的技能做到了极致。如果你小时候过得不幸福，或者你的家人没能满足你的需求，那都不是你自己的错误。真的不是你的错。不要责怪自己，因为你总有办法改变自己。相反，你现在应该赞赏自己能直面这些问题。让我们开始吧。

　　　　　　　　如何正确生气

你是如何生气的？

如果让你描述生气，你可能会说起某个人——成人或小孩——大发脾气，尖声喊叫，挥舞双臂，脸色通红。你可能会想起这样一个人——一位亲戚、朋友或熟人，他总是大发雷霆，即使别人做出一个微不足道的评论或举动，他也会恼火。这当然是生气的准确写照，但这仅仅是代表愤怒的画面之一。

愤怒就是愤怒，无论它是在酝酿，还是已经爆发。另一种表达愤怒的画面可能关乎一个对你的每句话都持批评意见和消极态度的人，或者一个经常会抑郁和易怒的人。如果愤怒情绪的强烈程度足够低，那么这个愤怒的人可能只是看起来与所有人都很疏远，完全沉浸在电视节目或电脑游戏中，或者，其情绪被酒精和毒品所抑制。在本章中，我将带你们审视愤怒的两种类型。这样，你们就有机会看清楚自己的行为模式。

## 愤怒类型Ⅰ：愤怒发泄者

朱迪把她的白色雅阁轿车停在停车场出口，望着外面的街道，叹了一口气。她面前是川流不息的车流。"如果我一直等下去，我将永远在这里。"她想。看到车流中有个小缺口，朱迪踩了一下油门。

她的车刚转过身，一辆黑色卡车的司机就在她身后的林荫大道上不停地按喇叭。两辆车都在往前行驶，但是卡车司机把这辆巨大的皮卡停在朱迪的本田轿车旁边，这让朱迪感到很不舒服。卡车在车道里不断左拐右转，不停地打着闪灯——好像如果朱迪不让开，卡车就会从她身上碾过去。当朱迪在下一个红绿灯右转时，卡车也跟着转弯了。很快，它又距离雅阁的后保险杠只有几英寸了。最后，朱迪把车停在路边，希望如果她不挡他的路，他就能继续往前走。结果，卡车司机把车开到路边，挡住了她的出路。

朱迪一边观察卡车司机是否会下车，一边慌慌忙忙地从钱包里掏手机。卡车司机摇下了车窗，对她大喊大叫。"愚蠢的母狗！"那个男人用手指着她咆哮起来，"离马路远点！"然后，他终于把车开走了。朱迪这才松了一口气。她确信那个男人反应过度，做出如此恶劣的行为只是为了吓她。他的确成功了。

每天，人们都可能会遇上成为可怕的路怒族的陌生人，或者自己沦为以这种方式爆发愤怒的牺牲品。在高速公路上发生这种事已经够糟糕了，在你自家客厅里和家人之间发生同样冲突的场景更令人不安。如果你家里发生的事情越来越像莫里或史蒂夫·威尔科斯这样的电视节目，那么你家里肯定有一些怒气冲天的人。会是你自己吗？

怒气冲天的人会做任何事，但就是不会克制自己。通常，人人皆知愤怒发泄者什么时候生气，因为他们会做出强烈的表达——尖叫、跺步、毛发直竖，甚至可能推搡、打、掐、咬或踢人。有些愤怒发泄者会对亲近的人破口大骂，而且音量还很大。也有的愤怒发泄者说话时表现得正常，但会以批评、羞辱和其他尖锐言论来发泄怒火。

很多心理治疗师都把这些愤怒发泄者称为"反应狂"，因为他们的愤怒表现可能出于报复的意图。在遭受挫折或感到不公平的情况下，愤怒发泄者会将愤怒发泄在目标身上——有时是其愤怒的源头，有时只是一个倒霉的旁观者。在某些情况下，愤怒发泄者的愤怒表达了一种获得权力或支配地位的欲望。他们把愤怒发泄到别人身上，以实现一个目标或推动一个议程。

如果你能和那些愤怒发泄者谈谈发生了什么，他们可能会告诉你，他们被不舒服的感觉压垮了，不得不发泄心中的愤怒。他们可能将愤怒视为一种不发泄出来就

如何正确生气

不痛快的能量。他们中的大多数不知道如何陪伴和容忍愤怒，直到搞清楚是什么让他们生气；也不能理性地选择最佳的回应行动。一谈起惹得他们愤怒发作的情境时，他们心中的怒火就会不断喷涌。而对于听者来说，他们的这种情感释放就像令人痛苦的说教。

愤怒发泄者常常错误地认为，发泄愤怒情绪是在处理问题或采取有效行动。虽然愤怒确实可以激发行动，但如果一个愤怒发泄者发作起来，他只不过是在向别人发泄自己的怒火。而真正的问题，尤其是更深层次或更微妙的问题，可能被完全忽略了。随着时间推移，那些在愤怒发泄者"射程"之内的人，可能会想出办法应付或避开他们。愤怒发泄者面临的后果还包括人际关系破裂、孤独无援和缺乏情感支持。

## 你发泄怒火了吗？

你还不清楚自己是否符合愤怒发泄者的特征吧？下面这些问题有助于你更好地理解它。

- 你容易生气吗？
- 你是否频繁陷入最终升级为愤怒的情境？
- 你会在没有考虑清楚之前就表达愤怒吗？
- 当你追求目标的努力被打断或阻挡时，你会火冒三丈吗？

- 你是否一遍遍回想某个问题或触发事件，几乎无法再想其他任何事情？
- 你是否对一个困难情境回想越久就越恼火？
- 你很难摆脱争论吗？
- 受到批评时，你会生气地回应吗？
- 你有时表现出愤怒，是否只是为了达到目的？
- 你很享受愤怒的强烈感觉吗？
- 你经常心怀怒火吗？
- 你是否会勃然大怒，过后又自责："刚才又怎么啦？"
- 你经常生气，是否只因为看不惯别人的行为？
- 生气时，你会失控吗？比如提高嗓门、手拍桌子、抓起东西就扔。
- 你是否因为愤怒而伤害或失去了宝贵的人际关系？
- 你会利用愤怒让他人沉默并控制他人吗？
- 你认为爱发脾气是自己的本性吗？
- 愤怒是否使你感到不适，比如胸闷、心悸、头痛或消化不良？

　　一般的愤怒发泄者包括五种不同的亚型。现在让我们来看看这些愤怒的模式。读到这五种类型时，要注意，有一种类型通常是愤怒发泄者最认同的。然而，你可能会在他的愤怒行为中看到另一种亚型的痕迹。

### 1. 生气是抵抗羞愧情绪的一种方法

这些愤怒发泄者总是觉得自己不够好，认为自己是有缺陷的人。他们大多数在缺少关爱和尊重的家庭中长大。现在，他们利用发怒与他人保持距离。这些自暴自弃的人不想让任何人注意到任何让他们感到羞愧的事情。他们对批评非常敏感，会因为普通的言语或者只是改进建议而生气。虽然这种人会用愤怒赶走家人、朋友和同事，但他们可能没有意识到，人们为了躲避他们宁愿有多远走多远。可悲的是，他们会变得孤立无援。因为父母对他们不关心或关心不够，这些人害怕被抛弃。只要有一点怠慢迹象，他们就会在对方有机会拒绝他们之前拒绝对方——这增加了他们的孤独感。

## 查　理

查理的父亲总是过分地使用体罚。他的惩罚远远超过了查理和他哥哥所犯的错误。这些经历给查理带来深深的羞耻感和低自我价值感。这种感觉一直伴随着他，直到他结婚并成为父亲。

一天晚上，在孩子们上床睡觉后，查理的妻子达拉建议，两人一起玩一款新的棋盘游戏——这是她在为儿子买生日礼物时顺带挑选的。当查理输掉第一轮比赛时，他生气地把棋盘和棋子推翻在地。他咆哮着说这是一个愚蠢的游戏，然后冲出家门，去了当地一家酒吧喝酒。当查理凌晨回来时，达拉假装睡着了。第二天晚上，查理告诉她，他已经把棋盘游戏扔掉了。

## 2. 生气被反复用来操纵他人

"恶霸"会故意用愤怒情绪去骚扰别人。在过去，这些人知道，生气是逼迫别人顺从的好方法。这可能是从童年开始的——如果妈妈总是在欺负者发脾气时屈服。有时，这些"恶霸"会装作比实际发生的更加愤怒。有时，他们甚至提前计划好了自己的愤怒，以便通过别人的内疚来操纵他人，尤其是孩子。假设爸爸知道他下班后小波比想让他去后院一起玩球，而他自己只想开一瓶啤酒，然后打开电视观看体育节目，他可能一进门就对波比留在车道上的自行车大发脾气。这样一来，波比就跑开了，爸爸的计划就实现了。在愤怒来袭之前，你可能会听到这类人说："我想我应该给他们一点压力。"

这些人喜欢权力、控制和支配。他们喜欢让人害怕。通过表现出愤怒来恐吓别人，对于他们来说甚至是有趣的。"你真该看看我举起手的时候他脸上那副表情。"他们会这样告诉朋友。一直以来，他们都知道自

　　　　　　　　　　　　　如何正确生气

己在做什么。他们的愤怒是有目的的——为了达到某种目的——它可能包括作为一种操纵工具的身体暴力。

### 3. 生气是一个坏习惯

对这些愤怒发泄者来说，愤怒是一种生活方式。他们一天到晚都在生气，却不知道为什么。在通常情况下，他们的个人经历中有一个隐藏很深的、尚未解决的问题，而这种对生活的敌意是他们仍然在受伤害的迹象。他们的愤怒是掩饰痛苦的盾牌。这些人会以一种糟糕的心情开始一天的工作，而糟糕的心情并不会随着时间推移而有所好转。消极和愤怒对他们来说就是家常便饭。他们的悲观情绪根深蒂固，总期待着事情会出错。久而久之，你会看到他们经常发脾气。

### 4. 基于判断和道德优越感的愤怒

在这些情况下，愤怒发泄者会觉得自己有权生气。他们自以为是，认为别人的行为在道德上是错误的。当别人的行为让他们失望时，他们会觉得自己高人一等。他们的目标是让其他人以正确的方式做事。他们几乎随时准备战斗。这些人倾向于用他们所有的判断疏远别人。但他们不觉得内疚，因为在他们眼里，这些行为都是为了别人好。这些人的判断理由可能基于宗教、政治或家庭等任何他们确信自己最了解的领域。

### 5. 寻求刺激的愤怒发泄者

一些愤怒发泄者的情绪种类有限，而愤怒是他们为数不多的情绪之一。他们从伴随愤怒而来的身体感觉中体验到一种兴奋感，包括更快的心跳、更快的呼吸和更高的警觉性。随着时间推移，他们对愤怒的容忍度增加，他们需要更激烈地与他人互动，以感受到活着的兴奋，类似于酗酒者需要越来越多的酒精来获得兴奋或压抑的感觉。

就像其他上瘾因素一样，愤怒最终会控制一个爱发泄的人。这种情况可能会导致非常危险的局面，因为他们无法控制怒气何时爆发、以何种形式爆发。尖声喊叫可能演变成挥舞拳头的肢体冲突，甚至更糟糕的后果。

## 愤怒类型 II：愤怒抑制者

## 基思和史黛丝

星期六早上，基思在忙完一堆杂务后回到家，小心翼翼地把他的宝马开进车库。在副驾驶座位上，有一堆DVD 等着他看。那个周末，基思只想在别墅里放松一下，他很享受和妻子史黛丝独处的几个小时，而他们的两个小儿子正在参加一个同学的生日派对。

然而，史黛丝却另有打算。"基思，家庭联谊会半小时后就要开始了，"当他步履沉重地走进厨房时，她宣布道，"你有足够的时间，洗个澡，换身衣服。"

"哦，我忘了，"基思承认道，"听着，我真的累坏了。你知道我工作有多努力。我们今天下午不去了，就待在家里，行吗？"

史黛丝盯着丈夫看了好一会儿。"不可能，"她最终回答道，"如果你不去，你就一个人留在这里。明白了吗？"

基思一句话也没说就离开了她，拿着DVD冲进了客厅。"为什么这些人比我更重要？"他暗自纳闷，"难道她不明白吗？我只是想和她单独待在一起。而且我太累了，也不想再出去了。"但基思没有和史黛丝分享他的感受，而是把自己的想法藏在心里。他去参加了联谊会，但心里的怨恨却日益增长。当其他人在他周围交谈的时候，他回顾了一桩桩自己为了维持和平而放弃内心需求的事例。

基思是典型的克制怒气的人。他认为生气是具有破坏性的，应该加以避免，所以他在回避一场需要解决的需求冲突。抑制愤怒的人选择不直接表达他们的愤怒，而不同的人处理这种情况的方式有细微差别。和那些发泄愤怒的人一样，他们的愤怒类型也有一些特征明显的亚型。

## 1. 超然的愤怒

有些人与愤怒隔绝，以至于没有意识到它的存在。他们可能非常擅长在很深的精神层面上转移愤怒（也可能是他们的大部分情绪）。超然的人不会意识到有人伤害了他们或惹怒了他们。他们麻木、恍惚地走过人生。这就好像他们的输入通道被静音了，以至于他们从来没有接收到愤怒的信息。

## 2. 承认但不直接表达愤怒

有些愤怒抑制者意识到了自己的愤怒，也感觉到它在内心积聚，然而，他们选择隐藏它。当他们发现自己非常生气时，他们就"逃离"了，无论是在精神上还是在身体上——打开电视，去卫生间，甚至离开家出去散步。他们害怕愤怒的自动发作，担心愤怒带来的后果，或者认为表达愤怒是错误的。这类人中的一些人会花大价钱让自己看起来很漂亮，因为他们憋了太多、太久，这些憋屈的人会身体僵硬，你拥抱他们就会感觉到他们的身体像木板。所有那些被压抑的愤怒都可能会以被动攻击的行为方式渗透出来，因为这些人总是间接地把愤

如何正确生气

怒发泄出来。压抑愤怒的人也可能陷入崩溃模式——最终情绪大爆发，并从抑制怒气的类别跳跃到发泄怒气的类别——在后文，我称之为类型1.5。

## 德洛丽丝和弗雷德

德洛丽丝和弗雷德结婚10年了。当她在婚后失去工作并决定待在家里时，弗雷德认为德洛丽丝在这段关系中没有做出贡献，因而感到恼火，但他没有告诉他。后来，德洛丽丝被诊断出患有乳腺癌。弗雷德知道妻子在寻求他的支持，但他害怕可能会失去她，而且他和病人在一起时从来都觉得不舒服。在他看来，妻子从他们的婚姻中得到的好处似乎超过了她应得的份额，但他没有明说出来。德洛丽丝希望在她面对困难的时候，弗雷德能陪伴在身边。

作为治疗的一部分，德洛丽丝必须接受四轮化疗。弗雷德每个星期四都会带她去医院。他没有坐在她身边——尽管妻子告诉他，输液期间，家属可以留下来——而是在候诊室看电视。到星期五早上，她通常会感到很不舒服，但弗雷德必须去工作，否则谁来支付她的治疗费用呢？德洛丽丝明白自己一个人也行，但她希望周末有丈夫的陪伴。然而，弗雷德总在星期六和一些朋友打高尔夫球，他觉得没有理由打破他的生活常规。有时，他还会留下来和朋友们一起吃晚饭、喝酒。在他看来，他这样做是为她好——家里做饭的气味会让她更难受。在德洛丽丝看来，她是在最需要帮助的时候被抛弃了。星期天，弗雷德待在家里，但即使那样，他俩也不说话。弗雷德总在找家务做，或者看体育节目。他鼓励她躺在床上休息，而她真正需要的是陪伴。弗雷德从不向德洛丽丝抱怨，也从不提高嗓门；相反，他用被动攻击的方式让她感觉不舒服。

### 3.用焦虑代替生气

在美国的文化中，表现出焦虑比表现出愤怒更容易被接受，所以，人们会做的一件事就是让焦虑取代生气。这种焦虑实际上是一种防御，使他们不愿承认自己很生气。例如，有人可能会因为父母的抛弃或伴侣没有满足他的需求而生气，但他不敢表达出来，因为害怕威胁到这种关系，因此，愤怒可能会转化为焦虑不安、思绪纷乱、不断移动和过度担忧。为了弄清楚你是否符合这种抑制模式，下次你在真的感到焦虑时，试着检查一下自己，探索一下紧张的感觉，专注于呼吸，让你的感觉浮现并演化，看看紧张是否会导致愤怒或者悲伤。

如何正确生气

### 4.否认并转嫁愤怒

被否认的愤怒有时被称为偏执的愤怒。这些愤怒抑制者不承认自己的愤怒，反而觉得别人在生他们的气。他们会把自己的愤怒投射出去，并认为这是来自他人的愤怒。通常，这些抑制者会无意识地做一些事情来激怒正在和他们打交道的人。然后，他们觉得自己很容易受到攻击，认为自己需要愤怒的力量来保护自己。偏执型愤怒的人经常觉得自己是某些情境下的受害者，意识不到其实是自己挑起了冲突。这种愤怒模式通常会发生在与权威人物打交道时，比如子女与父母或员工与老板的互动。

### 5.在长期受害者的模式中不断填充愤怒

为了维持他们的关系，长期受害者会对别人的行为全盘接受。冒着失去一段关系的风险表达愤怒，这种想法对于他们来说太可怕了。这些抑制怒气的人经常把怒气发泄到自己身上。他们要么为别人的行为承担责任，认为自己不应该得到更好的待遇，要么为施害者找借口。这样一来，他们变成了他人发泄愤怒的目标。只有当长期受害者允许自己探索和表达愤怒时，他们才能学会维护自己的权利。这些愤怒抑制者也可能变成被动攻击型。

# 贝　丝

贝丝竭尽全力地想要理解她丈夫诺姆对前妻凯伦以及他们两人共同的孩子们的照顾。凯伦拥有两个孩子的全职监护权。诺姆每星期都要去凯伦家几次，每天都要给凯伦打无数个电话，据说是为了应对紧急情况。贝丝同情凯伦和她承担的责任。然而，现实是，诺姆对另一个家庭的关注开始伤害他现在的婚姻。

出于对离婚和离开孩子的愧疚，诺姆忽视了现任妻子贝丝的许多需求。贝丝只是一味容忍丈夫的行为，告诉自己情况会随着时间推移而改善。与此同时，诺姆并不知道贝丝的真实感受是多么受伤和愤怒，因为她自己都不肯承认这一点，更别说告诉他了。通过习惯性地为诺姆的行为辩解和将其合理化，贝丝竟然允许这些模式继续下去。她并没有打算提醒诺姆，他需要平衡分配精力。

正如你所看到的，有很多方法可以让我们最终不去表达自己的愤怒。事实上，你可能会发现，你在不同的时间，使用了不同的忍受愤怒的方法。然而，在通常情况下，和愤怒发泄者一样，一个特定的愤怒抑制者会表现出一种主要的模式。

有趣的是，我的一个病人曾经竭力与愤怒保持距

　　　　　　　　　　如何正确生气

离，以至于她把自己的焦躁不安称为自己的一个邪恶的双胞胎姐妹。我提醒病人，那不是另外一个人，而是她自己的一部分。这表明我们有多么害怕并力图避免愤怒的感觉和行为。我们错得太离谱了。有时候，我们会想方设法避免生气。下面是愤怒抑制者的典型行为表现：

1. 埋头于工作或项目。
2. 吃得太多。
3. 沉浸于电视节目或电影。
4. 玩电脑。
5. 远离他人，生闷气。
6. 逃入运动。
7. 疯狂购物（当生活变得艰难，强者选择去购物）。
8. 听吵闹的音乐。
9. 为别人的问题承担过多的责任。这是一种让自己感到有担当的好方法，尽管别人没有向你寻求帮助。
10. 批评自己或感到内疚，而不是体验愤怒。
11. 对追求目标或改善生活持消极态度。
12. 酗酒和滥用药物。
13. 用抑郁来压抑情绪。

所有这些逃避的方法，都阻止了愤怒努力传递的基本信息——有些事情是错的，需要得到处理。从短期来看，用这些方式放松似乎比让愤怒显露出来更容易，但作为一种习惯模式，这种策略可能会让人付出高昂的代价。如果我们试图逃避自己的感受，我们就会发展出其他相当严重的问题——抑郁、焦虑、消极、不健康，以及许多其他限制我们快乐和活力的因素。跟发泄愤怒一样，其结果对于我们的生活和家庭可能是毁灭性的。为了得到愤怒试图传递的重要信息，愤怒抑制者需要避开典型的逃避习惯，并让内在沟通得以实现。

## 介于两者之间：类型 1.5

有趣的是，愤怒发泄者可能曾经是愤怒抑制者。有些人会把愤怒憋在心里很长一段时间（可能几年），但是生气对他们身体的伤害太大了，最终他们就会突然爆发。这些人会对一些小事情反应过度——也许一直如此。有些人在抑制和发泄这两种类型之间摇摆。

这种类型的人可能会试图在一段时间内避免或否认愤怒，利用一切转移视线的手段来应对愤怒，例如，过度地玩电脑游戏。因为他们要努力把这么多愤怒的能量憋在心里，可能会显得暴躁、易怒或不耐烦。然而，他们迟早会无法忍受，愤怒将会像维苏威火山那样在致命

如何正确生气

的一天爆发出来。这时候，愤怒抑制者也会失去控制，凶猛而持久地喊叫。受害者会被刚刚喷洒到他们身上的有毒能量所淹没。

通常情况下，愤怒发泄者的反应与触发事件是不成比例的。这是因为他不只是对此时此地做出反应，而且对堆积起来的所有未处理事件做出反应。事情过后，这个人可能会想知道发生了什么，并对自己发火这件事感到内疚。这类人比其他人更容易发泄怒气。尽管这种模式对愤怒情绪有所抑制，但这些人最终还是会忍不住发泄出来。

## 你属于什么类型？

我们已经介绍了两种主要的愤怒类型，现在是时候让你确定，在这些广泛的反应模式中，你自己处在哪个位置了。下面的练习将逐步帮助你意识到自己应对愤怒的主要方式、在哪里学到的这种方式，以及它将如何影响你的生活。这种意识将使得改变成为可能。我强烈建议你为自己写一本生气日记，要么买一本笔记本，要么在你最喜欢的电子设备上留一个位置。你的生气日记将成为你用这本书练习的记录，它将是你走向情绪自由的一段历史。

# 练习：自省日记

洞察我们的生活需要自我反省。这是了解自己并做出持久改变的最重要方法。一开始总是不容易，尤其是在我们想要自我省察的时候，我们的情绪充满了能量。这本书用各种概念和练习促进自我反省——这就是正念的含义。为了让你更轻松地进入这个非常有益的练习、更多地发现你的愤怒，我们将从一个简单的练习开始，让你走出自己，获得一个更中立的观察者视角。一旦你获得了一些探索愤怒的经验，你将有一个更强大的意识来识别自己的愤怒类型。

1.拿着你的日记，找一个不会被打扰的安静地方，找一个舒服的位置坐下来。当你准备开始的时候，做几次缓慢的深呼吸。

2.一旦你感到放松，就让你的思维游离到最近的一个时间点——当时你变得愤怒，或有强烈的、可能跟愤怒有关的情绪反应。

3.当你回忆这件事的时候，在你的日记里记下几行尽可能详细的描述文字：发生了什么？谁在那里？你和其他在场的人做了什么，说了什么？互动是如何结束的？

如何正确生气

4.现在，把你的日记放在一边，闭上眼睛。再做几次深呼吸，然后再次回顾这件事。这一次只是在你脑海里想象它。想象你自己和所有在场的人。特别注意每个人的肢体语言，注意它们所揭示的心理状态。一个人的言语和行为会反映出什么情绪和想法？就像看电影一样，保持中立地看着这个场景展开。当情境结束时，睁开你的眼睛。

5.在日记中添加你注意到的关于你的经历和参与的事情：你的想法、感觉、语言和行为。添加你在回顾该事件时想到的任何其他内容。

6.当你把那个场景写完后，让你的思想转移到另一件最近的、激发你情绪的事情上。重复步骤1~5，你可以做更多的其他练习。

一旦检查了最近发生在你身上的几个有关愤怒的案例，你就可以在下一个练习中确定你的愤怒类型了。

# 练习：你属于哪种愤怒类型——
# 发泄者还是抑制者？

　　这个练习详述了表达愤怒的不同方式。愤怒发泄者的特征用数字列出，愤怒抑制者的品质用字母列出。当你通读这张清单时，在你的生气日记中写下你的行为特征的数字或字母；再写几行，说明这种行为在你的生活中是如何发生的。

　　**愤怒发泄者**

　　1.你经常生气。你的愤怒情绪出现在你生活的各个方面。这是你的生活常态。

　　2.你一生气就生很长时间。你很难消除怒火。

　　3."愤世嫉俗"是你的中间名。你可以就任何事情开玩笑，即使你伤害了别人的感情。

　　4.你很生气而且觉得这是合理的。最重要的是你的近期目标或者你对别人表现不佳的判断。你瞧不起那些似乎不在乎你的人。

　　5.你是一个恶霸。愤怒是你让别人顺从的手段。

　　6.你的愤怒就隐藏在表面之下，只是没有表达出来，但别人能通过你持续散发出来的能量注意到它。

　　**愤怒抑制者**

　　A.你不会生气。这不是一种你能认同的情绪

　　　　　　　　　　　　如何正确生气

体验。不过，你又觉得也许应该生气。

　　B.你知道自己的愤怒，但不敢表达出来。虽然你感到怒火被点燃了，但你会采用一种间接的处理方式。你认为表达愤怒是错误的。

　　C.感到沮丧和易怒是你的常态；然而，你的怒火似乎从来没有突破过。

　　D.生活让你沮丧。你最生气的人是你自己。

　　E.你觉得你总是受害者——别人认为你做出牺牲是理所当然的或利用了你的温和性格。尽管如此，生气发火看起来也太费力了。能改变什么呢？

　　F.你说话如此轻柔，以至于别人很难听到你——你在用声音控制自己的情绪。

　　如果你写下的大部分都是数字，你就是一个愤怒发泄者。如果你写下的大部分都是字母，你就是一个愤怒抑制者。花几分钟反思你所学到的，并记录在日记中。

## 生气对自己和他人的影响

　　许多来我这里接受治疗和参加愤怒研讨会的人并没有完全意识到，对愤怒的不健康反应方式会影响到他们生活的方方面面。他们经常否认或最小化愤怒所带来的负面影响，但这只会让他们陷入困境。接受我们选择的现实可以成为推动我们走向积极改变的强大动力。因此，在接下来的练习中，我鼓励你用生气日记来探索愤怒给你的生活带来的一些最严重的后果。

## 练习：生气的代价是什么？

1.首先，想一想你用独特的方式发泄愤怒产生了哪些方面的影响，或者至少你认为可能会产生哪些影响。在日记中写下受影响的方面，以及在那些情境里你会做什么。下面是一般的分类，请随意添加适用于你自己的类别或者使它们更加细致具体。

· 关系
· 职业
· 健康
· 社交活动
· 日常活动
· 个人发展
· 内心的平静

例如，你的愤怒类型对哪些关系产生了负面影响？和你的配偶或伴侣、孩子、父母、同事、老板、朋友、邻居?

2.接下来,对发泄或抑制愤怒在你列出的领域所造成影响的严重程度进行评估和分级。用下面的尺度在你的日记中记录一个数字,例如导致你不耐烦和持续的低水平易怒的诸多原因。

1=次要的或不常见的问题

2=中度的或偶发的问题

3=严重的或频发的问题

在你给每一种情境评估和分级时,添加可能让你对其有更深入了解的任何其他信息。

3.最后,为了准确地评估你愤怒行为的后果,你需要足够客观地看到你的愤怒类型的所有结果。这不仅意味着代价,也意味着成就或礼物。这种表达愤怒的方式能帮助你满足某种需求吗?例如,如果一次愤怒的爆发阻止了某人让你心烦,但也把那个人完全推开了,你可以由此认识到,这种处理愤怒的方法让你安全,但也让你孤独,无法与他人连接。再举个例子,你是否通过克制自己的愤怒来维持和平,最终却无法满足自己的需求?

4.确保在完成这个练习时,你至少写下三种后果,并确保每种后果包括:(1)生活中受到影响的领域,(2)代价,(3)礼物或成就(如果

有的话），（4）负面影响的程度，以及任何其他
细节。

　　在最好的情况下，你以限制自己的方式表现出了愤
怒；在最坏的情况下，你已经伤害了你的人际关系和健
康。不管怎样，最重要的是，你要明白，自己并不是坏
人。虽然承认错误是可以的，但你必须把判断放在一
边，把你的注意力集中于一点——找到并使用那些能帮
助你做出令你自豪的事情的工具。在下一章节，我们将
学习更多关于生气的知识以及它能给你的生活带来的礼
物（是的，你没看错）。

# 愤怒是情绪
# 自由的关键

生气是不好的。这是我们从监护人和社会那里学到的最早的教训之一。他们所指的是大声的、猛烈的甚至充满暴力的情绪发作这种对愤怒的夸张描述。因为愤怒是我们身体里一种不舒服的能量，我们对此深信不疑。问题是，在这件事情上，我们的父母和老师全都错了。你看，愤怒的行为只是一系列快速变化的事件中的最后一幕：触发的动作、手势或话语，我们对触发的反应所得到的感觉，以及我们选择的反应方式。由于害怕公开表达愤怒，大多数人的反应是把怒气憋在心里，认为这样做不会造成任何伤害。然而，他们又错了。

生气是好的。事实上，愤怒是一种对你的幸福大有裨益的工具，而不是幸福的刽子手。大多数人都没有意识到愤怒情绪和愤怒之后的破坏性行为之间的关键区别。愤怒是一种身体上的体验，并不具有破坏性，实际上能给我们提供做出正确决定所需的重要信息。情绪是

　　　　　　　　　　如何正确生气

直接与我们的心智联系在一起的身体反应，它们展示了心智和身体之间的联系。作为一种情绪，愤怒给我们带来了关于我们内心感受和外部环境的重要信息。

在这一章中，我们将学会利用愤怒促进情绪自由，帮助我们活得有更多快乐、更少内疚。

## 生气不是坏事，你也不是坏人

我想让你知道的第一件事是，当你在生气的时候表现不好并不意味着你是坏人。你对愤怒的反应并不能定义你是一个什么样的人。这是真的，即使你处在一个极端的状态——在口头或身体上虐待他人。然而，你无法摆脱困境。在我们内心深处，我们都能分辨是非。我们知道我们无权对别人发泄愤怒。我们每个人都有责任学会以一种安全有效的方式处理和表达我们的愤怒。

当你把自己和行为区分开来，你就为新的更好的选择留出了空间。首先，它可以帮助你认识到愤怒模式从哪里开始。毕竟，你是在某个地方学到的——你并非生来就有不健康的愤怒反应模式。

我们大多数人都在我们的家庭里学会了如何表达愤怒——既包括观察父母处理愤怒的方式，也包括他们告诉我们的关于如何处理愤怒的直接和隐含信息。在第1

章中，你检查了自己生气的方式。现在让我们反思一下，你是否在你成长的家庭中目睹了相同的模式。利用好你的生气日记，这样一来，你的发现将成为你通往情绪自由之旅的一部分。

## 练习：找到你的愤怒基因

1.在日记中找到与你的愤怒表达方式有关的页面。现在想想你的父母和你早期生活中的其他重要的人。

2.在描述你母亲生气时的行为的数字或字母旁边，用 M 代表母亲。

3.在描述你父亲生气时的行为的数字或字母旁边，用 F 代表父亲。

4.把你生活中的其他重要人物的名字首字母缩写，放在描述他们生气时表现的数字或字母旁边。

5.看看你发现了什么。你有多少愤怒行为或习惯是属于你早期生活中的另一个人的？

6.关于如何表达自己的愤怒，你从这些人身上学到了什么？

如何正确生气

如果你明白你是如何采取某些行为的，你就会开始意识到你有选择权，也有能力去改变它们。你可以学到一些对你有更大好处的新东西。一旦你意识到你并不是天生的坏人，只是有些缺陷或是在某些方面搞砸了，你就可以把自己从习惯的束缚中解放出来，然后根据自己的设计做出新的选择。

你要知道的第二件重要事情是，生气不是坏事。那些我们错误地认为是生气的令人不快的、往往具有破坏性的行为，其实根本不是愤怒，而是愤怒被触发时我们努力想控制或避免的感觉或情绪。我们所认为的恼火、发泄和压抑，实际上是我们对愤怒的反应。在情绪和行为反应之间，我们可以找到关于我们内心发生了什么的宝贵信息。与其忽视我们的愤怒或让它毫无意义地爆发，我们不如学会欢迎愤怒和它所带来的信息。

## 不要消灭愤怒——利用它

作为一名治疗师，我并不是要帮助人们摆脱愤怒。相反，我希望他们能充分利用它。只要正确处理我们的愤怒情绪，我们生活的方方面面——人际关系、事业、健康等等——都会有所改善。当人们学会如何回应他们的愤怒时，他们可以收获它所提供的好处。这是如此重要，以至于我可以诚实地说，如果人们不知道如何建设性地利用愤怒，我就无法看到他们顺利地度过一生。可悲的是，这是我们在童年时代很少学到的一课。

愤怒以几种特定的方式为我们服务。因为当我们意识不到问题时，身体经常会给我们信号，这是一个了解我们目前状态的重要倾听渠道。如果意识到身体通过愤怒告诉我们什么，我们就可以更有效地了解自己，更主动地照顾自己。这一点，再加上利用愤怒的能量作为一种动力，我们在这个世界上将更有主见地生活，可以摆脱受害者的状态，主动去创造自己想要的生活。

最后，既然愤怒是一种了解和交流真相的机制，那么它就成了改善人际关系——无论是与他人还是与自己——的重要途径。亲密关系需要安全，当我们的需求得到满足、我们的界限变得牢固时，安全就产生了。通过感受和处理愤怒而获得的自我意识为诚实和信任奠定了一个基础——它提供我们所需要的安全，让我们放下戒备，变得柔软并对亲密关系敞开心扉。

探索愤怒让我们能审视自己的价值观、需求、界限和认知体系，并提出问题："这是怎么回事？这对我有用吗？我是否需要做出一些改变，让行为更符合自己真正想要的？我怎样才能把这件事安排得更好呢？什么对每个人都最有利？"

只要我们愿意倾听，愤怒将带给我们丰富的信息。

如何正确生气

## 出错的信号

生气是出错的指示信号。它的能量促使我们行动。当然，关键是要足够了解愤怒如何起作用，然后探索它以找出问题所在，这样你就能想出纠正问题的最佳方法。这是你在本书中继续前进时要接受的任务。

如果你发现自己行为过激，比如酗酒、开始争吵、出轨或者羞辱别人，或者如果你经历了暗示愤怒的身体反应，比如咬紧牙关或握拳，你最聪明的举动是停下来自问："这是怎么回事？我的下巴和拳头想告诉我什么？"如果你能发现愤怒是在教导你生活中什么是行不通的，那么愤怒对于你就是有巨大好处的。我们来看看两种相似的情况以及当事人迥然不同的反应方式。

### 苏珊娜和基佩尔

苏珊娜是在家从事编辑业务的自由职业者。她正在做一个项目，而10岁的儿子基佩尔打断了她，问她午餐吃什么。"去给自己做个三明治，"苏珊娜大声说，"你已经长大了，可以照顾自己了！我需要安静一会儿，否则我们就吃不上饭了！"

基佩尔退出了房间，但是苏珊娜发现自己仍然被愤怒所控制，她无法把注意力放在工作上。她闭上眼睛，做了几次深呼吸，意识到自己对基佩尔的询问反应过度了。

　　不过，愤怒是真实的。问题出在哪呢？她的愤怒可能是在告诉她，她感受到了最后期限的压力。然后她听到她对基佩尔说的话，意识到她在担心家庭财务安全——这是基于她的工作表现。

　　她发现基佩尔在厨房做三明治，便过去拥抱他并向他道歉。然后，他们一起坐下来吃午饭。

　　由于感到自己被愤怒淹没，苏珊娜花了一点时间评估愤怒的来源。她意识到基佩尔的打扰并不是她生气的真正原因。苏珊娜自认为是一个自信的、有能力养家的人。她目前的工作要求正在超越她的身份界限。

　　现在看一个场景类似，但结果大不相同的案例。


## 威尔玛和马克斯

　　威尔玛躺在客厅的沙发上看书。10岁的马克斯本应该在隔壁和朋友一起玩。当马克斯进来打开电视时，威尔玛才刚刚进入舒服状态。

"马克斯！"她喊道，"妈妈正在看书。你应该在外面玩的。天知道，你需要新鲜空气和锻炼。赶紧出去玩吧。"马克斯跑出房间，没有关电视。威尔玛从沙发上跳下来，抓起遥控器，关掉电视，把遥控器扔向墙壁。

"他为什么不能放过我呢？"她喊道。她从来没有意识到做母亲会这么累人。难道她不应该给自己一些时间吗？毕竟，她当年放学回家时，母亲总不在身边——不是在打牌，就是在打电话，或者在做指甲，或者在看电视。事情不就应该是这样的吗？

如果威尔玛花点时间想想她愤怒爆发的原因，她可能会想起，从她放学到父亲回家的那段时间里，她是多么孤独。碰巧，马克斯刚和他的朋友吵架了，他需要找人聊聊这件事。小女孩时期的威尔玛能体会到这种感觉。无论她从学校带回家什么心事，她妈妈都不想和她聊天。有时，她会自言自语，只想有人陪伴。

威尔玛对儿子的愤怒反映了她自己与母亲的关系。威尔玛学会了永远不打断她母亲说话。不知怎么地，她也接受了这样的想法：每件事都应该按照妈妈的方式去做——这是一种不准确的、在其他方面也是限制性的认知，她把这种认知带到了自己的成年生活中。对于有这种认知的人来说，在她集中注意力时被打断是一种边界突破。

在第一个故事中，苏珊娜检查了她的愤怒来源，并判定自己在孩子需要的时候给予关注比她的工作期限更重要。如果她进一步探究自己的愤怒，苏珊娜可能会考虑自己是否在工作方面对自己提出了不合理的要求。也许有其他方式来支持家庭开支，而不用经历这么大的压力。她的愤怒可以帮助她在生活中迈出积极的步伐。

在第二个故事中，威尔玛任由自己的愤怒爆发，却没有注意到它所传达的信息。下意识地接受了从母亲那里学到的期望，她也无意识地以同样的方式行事。如果她与渴望和母亲建立联系的小女孩建立连接，她可能会理解儿子的感受，并开始与他建立连接。

这不仅仅是她们如何处理愤怒的问题。两个女人都是从发泄情绪开始的。然后，苏珊娜接收到了这条信息，向基佩尔道歉，让他相信她的爱和他在她生活中所扮演的重要角色。由于忽视马克斯，威尔玛拉大了与孩子的距离，失去了一个建立亲密关系的机会。

## 捍卫你的界限

对苏珊娜和威尔玛来说，当个人界限被打破时，她们的愤怒就会上升。这是愤怒传递的一致信息之一："小心！你受到了威胁。"从最基本的层面来说，这涉

如何正确生气

及我们身体的安全。然而，我们所有人都有一种自我意识或自我身份认同，这是由我们的家庭背景、学校的经历、地理位置、我们的好恶以及我们在家庭和生活中的角色拼凑而成的。在这个世界上，感到安全意味着我们的身体和自我边界没有受到威胁。

健康的界限对我们的幸福而言非常重要，任何过界行为都会破坏能量和平衡。愤怒是警告我们受到威胁的红旗，这样我们就可以保护自己或修复伤害。反应和修复的方法取决于威胁的类型。让我们看一些例子。

## 保护身体

我经常让病人面对我站在房间里，然后我走向他们。我会让他们告诉我，我走到什么位置会让他们觉得我离他们太近了，他们开始感到不舒服。这有助于让他们意识到自己的物理边界，也允许他们试验自己能容忍多少亲密和亲近。更好地了解自己有助于改善我们的人际关系。了解自己包括了解我们的界限：我们能容忍什么，什么让我们感觉好，什么让我们感觉不好。

当我们经历身体上的威胁时，我们的身体会产生"战斗或逃跑"反应。早在人类进化过程中，这种现象就帮助人类成为食物链的主人而不是成为别人的食物。简而言之，"战斗或逃跑"反应确保身体的所有能量都用于生存。我们也可以体验到这种对心理威胁的反应。因为，作为一个物种，早期人类在群体中生存得更好，我们必须与他人合作，因此发展了某些互动规则。如果我们的行为方式让我们被赶出部落，我们的生命就会受到威胁。这使得我们对与他人的互动非常敏感，别人最轻微的不快或冒犯都可能引发我们的"战斗或逃跑"反应。因此，即使经历一个微小的心理或生理威胁——比如被粗鲁对待或突然的噪声——也会让身体开始行动。科学家发现，在持续的压力下，我们会经历诸如高血压、心脏病、药物滥用、溃疡、体重增加、癌症和加速衰老等疾病或状态。我们最基本的边界是我们的身体，这解释了为什么经历性虐待或身体虐待会对心理造成如此大的伤害。

## 保护自我

除了肉体，我们还有一个更微妙的自我，那就是自我意识或自我形象。我们的自我形象包括我们如何看待自己、我们的哪些方面与我们的自我价值最相关以及我们热爱生活的哪些方面。当我们自身和世界中所珍视的东西受到威胁或不尊重时，一个重要的界限就被打破了。如果出了什么问题，我们的身心就会做出反应——我们会生气。

这种反应也可以追溯到演化心理学。在蛮荒时代，如果一个人在部落里的其他人看起来很糟糕或不那么有价值，他就将会被赶出去，独自面对剑齿虎和其他危险。群体安全意味着个体如果想活下去就必须融入群体。

不尊重是跨越界限的主要来源，在大多数导致愤怒的情况下，你都会发现不尊重的因素。轻率的对待、批评以及任何对自我不利的事情，都会触发我们大脑中那个古老的部分，连锁反应就会开始。被抛弃和被拒绝的感觉会导致我们产生对生存的恐惧，然后体验到愤怒，并试图保护自己。

当你重视和认同的人或事没有满足你的期望或威胁到你的归属感时，你可能会以一种伤害的方式回应。例如，想象一下，你告诉你的哥哥，你和母亲发生了争吵，而他并不支持你对争吵的看法。你会感到不适，并做出相应的反应。如果你的老板选择不采纳你投入了大量时间想要创造和呈现的想法，你的自我就会受到极大的伤害。这些对自我侵犯的反应只不过是"战斗或逃跑"反应更微妙的变化。现在，我们通常不会对这些冒犯进行身体上的报复，但我们可能会用讽刺、批评和侮辱来反击。把别人私下告诉我们的事情当众抖搂出来也是一种扭转痛苦的有效尝试，但任何这样的攻击都只是在努力修复被打破的边界。例如，你可以告诉你哥哥母亲对新闺蜜说的话。

一些人可能会以猛烈抨击作为他们的战斗反应，另一些人在情感上表现为退缩——使用逃跑反应。生闷气、冷眼旁观、压抑感情都是逃避的情感方式，让人得以恢复界限。最终，即使"战斗或逃跑"反应是自然的，也是有目的的，其实还存在处理"恐惧变成愤怒"现象的更有效的方法。

然而，如果你忽视愤怒，你就是对身体和情绪健康的潜在危险视而不见。当你感到愤怒时，你可能在某种程度上受到了伤害，这种伤害可能是情绪上的。对愤怒保持足够长时间的觉察以便弄清楚到底发生了什么是至关重要的。

## 发现未被满足的需求

愤怒传递的一些信息与未满足的需求有关。假如我们可以在马克斯的妈妈拒绝了他并让他出去玩后和他聊聊，就会发现他有一大堆需求未得到满足。尽管他的父母在满足他的基本物质需求方面做得很好，比如提供食物、住所和衣服，但马克斯错过了一些基本的情感需求。

　　　　　　　　如何正确生气

- **可接近性**：虽然马克斯只有10岁，但他知道父母经常忙于其他事情，他的出现是不受欢迎的。
- **注意力**：即使他在场，马克斯有时也会觉得他们并没有在听——他们只是假装听到了他说的话。
- **慈爱**：马克斯喜欢去朋友安迪家玩，安迪的妈妈拥抱他的次数比他自己的妈妈还多。
- **欣赏**：你可能得告诉马克斯，你这么说是什么意思。他知道他必须要达到一些期望——关于行为、外表和学习成绩。然而，当他与他们见面时，他并没有得到多少反馈。
- **接纳**：在我们内心的最深处，我们都需要知道自己属于某个特定的社交圈，与家人或朋友在一起。就像欣赏一样，接受对马克斯来说是稀缺的。

当所有这些需求都得到了满足时，我们就会有参与感，即我们与周围人联系在一起的感觉。他们对我们的言行感兴趣，关心我们的幸福，给我们提供支持，我们因此感到有了依靠。作为回报，我们也会对他们做同样的事。无论我们是否与这些人有基因上的关系，他们都是我们的家人，我们需要他们。

要想知道你的哪些需求可能没有得到满足，或者哪些界限可能被跨越，可以尝试一下这个练习。

# 练习：我为什么生气?

1.想想你最近一次生气的时候。

2.如果你是一个愤怒发泄者，你可能会在回应中表现出反抗的一面，可能会大喊大叫，或者至少会说一些冷嘲热讽的话。如果你是一个愤怒抑制者，你可能会突然退缩，表现出逃跑反应。

3.一旦你回忆起了这件事，就在你的脑海中详细地描绘出这个场景。在你的生气日记中做些记录。

4.现在专注于触发事件。是什么让你生气的？回想一下，在你回应之前说过什么话、做过什么事、产生过什么想法。回忆尽可能具体。是有人说了什么或者做了什么吗？是你自己的表现引起了愤怒吗？具体是什么冒犯了你，让你愤怒或突然退缩或封闭？是你的边界受到威胁或被跨越了吗？你是否需要一些你没有得到的东西？把答案写在你的生气日记里。

5.追踪触发事件对你的影响。你的哪一部分——你的自我意识的哪一方面——受到了伤害、威胁或不尊重？你感觉有什么需要？认识到这些联系将有助于你建立健康的界限。

6.一旦你找到了你愤怒的根本原因，就花几分钟写下你的发现。花点时间探索愤怒将对你有很大的好处。

　　　　　　　　　　如何正确生气

## 从你的愤怒中获得智慧

我们无法改变别人，只能改变自己。一旦你消化了情绪，你就会发现自己拥有了解决生活难题的新选择，体验到新的力量。情绪导向疗法的研究表明，处理隐藏的感觉能迅速、有效地带来积极改变，包括减轻焦虑和抑郁，帮助防止自我伤害行为。这是因为，一旦我们开始倾听自己的情绪，它们就会成为指引我们做出更好决定的路标。

我们有可能重新定义愤怒在你生活中所扮演的角色——无论你是不恰当地释放它还是抑制它。我写这本书是为了告诉你，**愤怒不是你生活中的破坏性力量，而是可以成为你个人成长、增进理解、构建亲密和亲近关系的积极工具。**

一旦我们理解了愤怒是如何起作用的，我们就能以一种安全而有效的方式释放这种情绪，并通过审视感觉和倾听其信息获得智慧。解决愤怒需要处理我们的感觉并释放它们。这个练习有多个步骤：感受我们身体的感觉、追踪情绪和记忆、反思扭曲的思想和认知、了解愤怒背后的意义、选择如何处理愤怒以及有意识地让愤怒消失——从而获得与愤怒释放相伴随的自由。

正如你所看到的，这个循环与我们通常对感觉的无意识反应非常不同，结果的差异同样巨大。一旦你意识到你的选择是什么，你就会明白，选择能赋予你力量，创造你想要的生活。你越了解如何处理愤怒情绪以及它们是如何发生的，你就越能提前觉察愤怒的来临，越能找到更充足的时间和选择去决定如何应对其爆发。当你有意识且处于当下时，你可以选择去探索你的愤怒，而不是诉诸你身体固有的"战斗或逃跑"反应。

这并不意味着改变你对愤怒的反应很容易。很长时间以来，你一直是无意识地做出反应。你在整个童年时代都在学习它，以至于它变得根深蒂固了。你甚至感觉自己就应该是这样子的，但事实并非如此。你的潜在能力远不止这些——你的行为模式和你在童年收到的信息。事实上，你比你意识到的更强大、更有能力，你只需要一些工具把自己从无意识的思维过程中唤醒。这样，你就可以用意志来做出新选择——作为一个坚强、独立、善于思考的人，活在当下——最终成就理想的人生。我们都有自我控制和实现的潜力。

在下一章中，我将探索何为正念——这是一种生活方式，可以帮助你揭示和释放童年遗留下来的旧有的愤怒和情绪。正念远比愤怒更广泛、更深刻。正念对你的生活具有真正革命性的影响。

# 愤怒的谬论

鼓励我们否认、隐藏或压抑愤怒的不仅仅是家人，社会普遍传播的关于愤怒的谬论告诉我们要把愤怒隐藏起来。然而，稍微研究一下这些谬论，我们就会发现，它们既不符合逻辑，也不真实。

**谬论**：愤怒是不好的。要友善，这样人们才会喜欢你。

**事实**：事实上，当人们不知道你的真实立场时，就会产生不信任。

**谬论**：生气弊大于利。

**事实**：感受愤怒能让我们认清自己的需求——交流我们所学到的，可以帮助我们得到想要的。

**谬论**：面对问题太痛苦，而且不舒服。

**事实**：逃避只会导致问题得不到解决，随着时间的推移甚至会产生更多的痛苦。

**谬论**：如果你很生气，你就会失去控制，做出后悔莫及的事情。

**事实**：如果愤怒经常被抑制，它更有可能因失控而爆发。

**谬论**：如果你处于愤怒状态，你将无法完成你需要做的事情。

**事实**：意识到你身体里的愤怒情绪，这会让你更有力量。通过体验这些感觉，你将能够确定你对某种情境的感觉，并对你想做的事情做出谨慎抉择。

**谬论**：愤怒不利于建立良好的人际关系。

**事实**：用谨慎、安全、适当的方式表达你的愤怒，实际上可以改善你的人际关系。

如何正确生气

# 正念与正念的
# 一些练习

有时候，你的大脑就像一个刚被摇过的雪花玻璃球，而不是暴风雪中的片片雪花。在你的意识里，各种想法和记忆一闪而过，将带你离开此时此刻。你有过这样的经历吗？在忙碌的一天里，你为自己这么快就到达目的地而吃惊，但实际上你在半小时前就已经出发了。更糟糕的是，你不记得自己是怎么到达那里的。这时，请告诉你自己："我活在当下，安住在当下。"闭上一会儿眼睛，想象那漫天大雪慢慢地变成一片片小雪花。当最后那片雪花降落在地面上时，想象一场降雪结束时的宁静和美丽。这就是正念能给你的生活带来的礼物。

## 正念是什么？

　　正念是我们有意识地让自己专注于当下的一种心境。在这种状态下，我们觉察自己的想法和感觉，但不

　　　　　　　　　　　　如何正确生气

去评判它们。我们也不关心自己的过去或未来。正念的目标是活在当下，既没有分散注意力，也没有心事重重。佛教徒以修习正念为一种获得更清醒知觉和打破无意识生活的方式——只是经历一天的生活，而没有特别意识到你的环境以及你做出的反应。作为正念的一部分，他们鼓励人们保持好奇心，探索自己的本性和反应。

从本质上讲，正念就是：在我们经历的事情发生时醒来、觉察到它，并有意识地参与其中。如果你没有意识到自己的内心和周围发生了什么，你就会错过生命中许多最美好的礼物，也可能会忽略你是如何导致这些问题的。对于我们如何应对愤怒以及探究愤怒的原因，这当然是正确的。在本章中，你将一步一步地修习正念技巧。这样，你就可以使用这个策略来觉察你生活中的愤怒，并实现情绪自由。

## 学会保持正念

如果你正在读这本书，那么活在当下的想法对你来说可能是相对新鲜的。没关系，我们将从一些非常简单的技巧开始，以一种容易而有趣的方式介绍正念练习。

**呼吸冥想**

对呼吸的冥想是正念的基础。它帮助你把注意力集中在当下，这对接下来的一切都是至关重要的。这个练习的好处是，它将帮助你平静思想，平息你身体中可能与短浅呼吸有关的任何焦虑。你可能会不耐烦地说："我已经知道怎么呼吸了。"但是你注意到了吗？

# 练习：正念呼吸

1. 找一个安静的地方，保证至少10分钟内不会被打扰。舒服地坐着，闭上眼睛。

2. 首先要注意冷空气是如何进入鼻子的，然后如何呼出暖空气。不要试图屏住呼吸，用力呼气，或者改变自然节奏——只是要意识到呼吸。

3. 当杂念开始侵入时，数数可以帮助你将注意力集中在呼吸上。你喜欢怎么数就怎么数。也许你会选择吸气时数"一"，呼气时数"二"。如果你吸气时数"一"，呼气时数"一"，然后数"二"进"二"出，一直数到"五"，你就能感觉到你的身体是如何随着时间推移而平静下来的。当你吸气和呼气时，也可以简单地重复"一，

如何正确生气

一，一，一"。不要强迫自己调整呼吸——只需要跟随其自然节奏就好。

4. 即使你将注意力集中在呼吸上，你可能也还是会走神。当这种情况发生时，你只需觉察到这个想法，然后重新从"一"开始呼吸。

你可能会对简单呼吸动作中发生的事情感到惊讶。拿出你的生气日记，记录下你的经历。这种集中注意力的呼吸方法是本书描述的所有练习的起点。从现在开始，只要我说"注意呼吸"，你就应该知道怎么做了。

## 通过正念专注于身体

许多人的大脑每天都在不停地运转：昨晚的对话、今天要做的事情、下周要付的账单……这样一来，我们就无法感受生活中最基本的东西：衣服的感觉——或者微风拂过我们皮肤的感觉——巧克力棒的味道、熟悉而舒适的椅子。

下面这个练习能让你更加意识到身体的感觉，只有这样，你才能充分地感受和释放情绪，这也是这本书的目标。

我们先从正念饮食开始。我选择了一种能提供大量刺激来唤醒感官的水果——橘子。你需要一个橘子和几张餐巾纸。

# 练习：在正念中吃橘子

1.盘腿坐在地板上，双手捧着一个橘子。关注你的呼吸。

2.摩挲橘子的表皮，欣赏其纹理。把橘子放在手中轻轻掂量，感受一下它的重量。

3.开始剥橘子皮。注意橘子皮被剥开时释放出来的香味、橘子汁的黏性以及橘子分瓣的样子。

4.放一瓣橘子在嘴里。舌头接触到橘子时感觉如何？咬下去的时候是什么味道的？第二瓣尝起来和第一瓣有不一样吗？你要吃多少才会觉得吃饱了？

5.现在把注意力从橘子转移到其他感觉和情绪上。你感觉怎么样？是快乐、沮丧、兴奋，还是烦躁？

6.在你的生气日记中记录下这段经历。

在这种意识练习中，你可以用苹果或葡萄干来代替橘子。或者也可以做其他简单的活动，比如刷牙或洗澡。在每种情况下，确保你注意到体验的每个方面：你刷牙有顺序吗？牙刷碰到牙龈的感觉如何？牙膏是什么味道的？刷牙前后用舌头在牙齿上摩擦，感觉有什么变化呢？

如何正确生气

## 专注于环境

除非我们身处一个陌生的地方，否则我们经常会忽略所处的环境——熟悉家和附近市场之间的所有街道。我们可以在步行和开车之间转换，而不需要有意识地回忆这段旅程。在这个练习中，你要特别注意你所处的位置。

## 练习：融入环境

1. 选择一个你熟悉的地方——一个你认为自己熟悉的地方，就像你熟悉自己的手背一样。例如，你可以坐在附近公园的长椅上，或者坐在客厅里你最喜欢的椅子或沙发上。

2. 找一个你可以安静待几分钟的地方。你可以站着、坐着或躺着，闭上眼睛，把注意力集中在呼吸上。

3. 首先，与你的皮肤联系。你感觉是热还是冷，还是刚刚好？你的衣服穿在身上感觉如何？你周围的空气流动有什么变化吗？你的身体感觉舒服吗？如果胳膊或腿脚的姿势不舒服，调整一下，直到自己感觉轻松。

4. 现在，尽情呼吸，充分感受空气中的气味。如果你在室内，你可能会闻到灰尘的味道或烹饪的香味；如果你在室外，你可能会闻到鲜花或青草的清香，或是来往汽车的尾气。花点时间把所有的气味整理出来。

5.然后，准备听声音了。如果你仔细留意，可能听到环境中不同层次的声音，从你的身体开始，逐渐向远处延伸：缓慢而均匀的呼吸声，墙上时钟的滴答声，窗外鸟儿的鸣叫声，街上某个地方的关门声。轮流关注每一种声音。

6.终于，你可以睁开眼睛了。你可能想要寻找那些让你产生其他感觉的事物，请关注它们的形状和颜色。

7.当你完成了这份感觉清单后，拿出你的生气日记，做一些记录。别忘了记录你在锻炼过程中的感觉。你是感到焦虑，还是觉得开心？

## 通过正念专注于想法和感觉

正念不可避免地会导致冥想，这是一种对思考过程的集中意识。很多人似乎认为自己不会冥想，但实际上他们只需要放松下来并加以练习即可。这里有一些方法可以帮助你。在以下两个练习中，你都需要提前阅读练习须知，然后开始实践。有些人觉得录下自己阅读练习须知时的声音很有用。如果你这样做了，请在步骤之间允许自己停顿，这样你就有时间投入体验中。目的是慢下来，觉察自己的想法，并释放它们或不加评判地放手。

## 练习：泡泡冥想

1.以一个舒适的姿势坐着，背部挺直，肩膀放松。轻轻地闭上眼睛，把注意力集中在呼吸上。

2.想象一下很多泡泡在你面前缓缓升起。每个泡泡包含一种思想、感觉或感知。

3.你看到第一个泡泡升起。里面装的是什么？如果你看到了一种思想，先观察它，然后看着它慢慢飘走。试着不要去评判、评价或更深入地思考它。

4.一旦这个泡泡飘出视线范围，就等下一个泡泡出现。

5.后面的泡泡里面装的是什么？观察它，看着它慢慢地飘走。如果你的大脑一片空白，那么看着里面的"空白"泡泡升起，然后慢慢飘走。

现在，我要鼓励创造力和想象力。如果你经历了很多焦虑，这可能是一种特别有用的冥想方式。

# 练习：可视化

1. 以一种舒适的姿势坐着，背部挺直，肩膀放松。轻轻地闭上眼睛，把注意力集中在呼吸上。

2. 让脑海中的画面变成空白。想象一个让你感到舒适、安全、放松的地方，它可能是海滩、湖泊，甚至你自己的床。想象它慢慢地出现在你面前，变得越来越清晰。我们称之为你的安全之地。

3. 看看你的左边。你看到了什么？看看你的右边。那边有什么？看起来越来越近。

4. 现在，关注自己的呼吸。你闻到了什么？在你座位附近走走，仔细观察某些事物。把注意力集中在你的周围。

5. 你感觉怎么样？如果你发现自己的思绪在飘荡，观察它们，然后把注意力从身体周围重新聚焦到眼前（给自己一些时间）。

6. 当你准备好以后，把掌心覆在眼睛上。慢慢睁开双眼，活动活动手指，让光线一点点透进来。当你完全准备好以后，再慢慢地把手移开。

如何正确生气

一定要拿出你的生气日记，描述你觉得舒适、安全、放松的地方。一个有效利用自己愤怒的方法，就是找时间来倾听它的信息，即当你觉察到愤怒的早期感觉时，去往内心的安全之处。你可能想画幅画来描述它，或者给它起个名字。

## 正念练习中的常见障碍

习惯正念练习需要一段时间。下面是人们会遇到的典型问题以及克服的方法：

### 你无法进入状态

当你第一次尝试正念练习时，你可能会感到受阻、焦虑或抗拒探索自己的内心世界，或者认为自己内心空空如也。如果你以前从未做过这类练习，那么你可能需要多尝试几次。你越是专注，就越容易获得这种体验。如果你无法进入其中，试着将其作为一种内在体验来探索。被阻挡是什么感觉？当你专注于抗拒感时，会发生什么？什么都没有是什么感觉？从当下发生的事情开始，你可以启动正念过程。

# 罗　杰

　　我有个病人叫罗杰，他小时候收到过一条信息，说他没有权利表达自己的感情。我花了几个月时间来帮助罗杰了解自己的感受，然后试着和他一起做正念练习。在练习过程中，他几乎立刻睁开了眼睛，告诉我："我没有任何感觉。""我不明白接下来会发生什么。"

　　我回答说："你从来没有被允许有自己的感受，所以它们可能会让你感到害怕，感觉很陌生。试着回到当下，体验什么都没有的感觉。"罗杰感到有些不安，无法坚持下去。我注意到，他的焦虑是一种防御，是阻止他进入内心的一种情绪。

　　在接下来的几个月里，我继续与罗杰合作，让他学习专注于自己的身体内部，连接他的感知和感觉。每周我们都会做基础练习和感觉感知练习，并做简短的正念冥想（类似于你将在这本书中找到的方法）。我还不时提醒他不要气馁，强调由于他在孩提时代未被允许拥有自己的情绪，因此在成长过程中没有对这些情绪给予足够的关注，所以他可能需要花一段时间才能了解这些情绪。我劝他不要放弃。

　　幸运的是，他坚持了下来。尽管罗杰花了一些时间，但由于他的决心和坚定，正念修习过程最终对他起了作用，使他能够直面自己的感受。

　　　　　　　　　　　　　　　　　　如何正确生气

### 你试图控制体验

有时，人们认为自己是在感知自己真实的内心世界，实际上他们只是在体验某种感觉。让你的正念练习自然地进行是很重要的。最好的方法是放松，看看会发生什么。放下你可能有的任何判断或期望。把客观地观察作为目标。你什么都不用想，只是保持好奇就好了。如果你保持中立的态度，你将打开通往诚实的大门——没有必要感到羞耻或防御，不需要警惕或隐瞒真相。有了正念，你就可以探索到底发生了什么——观察到底发生了什么。

### 你想坚持原来的观念

如果你在治疗中使用正念，坚持你在生活中所处位置的先入为主的想法可能就是一个问题。在实践中，我见过一些病人，他们更喜欢直接说出自己的感受，讲述自己的生活，让自己陷入受害者的境地。继续讲述负面故事只会让它永久化。关注他们的负面故事也会让这些病人不敢直面自己的情绪。我鼓励他们慢下来，觉察自己内心发生了什么。在他们习惯正念练习之前，进步可能会是断断续续的。当他们开始有自己的感觉时——当这些感觉开始浮现时——我努力阻止他们跑向出口。

## 随时随地保持专注

有人认为，正念练习似乎是一项必须在焚香的黑暗房间里进行的活动。然而，事实并非如此。这种练习的美妙之处在于，你可以选择一天当中的任何时间，无论你在哪里或在做什么。

每当你觉得需要更清晰的情绪，或者你想要克服让你难受的想法和感觉时，你就专注于自己的内在。正念可以让你发现自己对某种情况的反应背后隐藏着什么，比如愤怒。正念可以让你接触到愤怒背后的能量——这可能部分来自你过去的经历。

有人认为，本章的一些练习方法需要特别注意时间和空间，但事实是，你可以随时随地进行正念练习。当你想让自己更专注时，这里有一个基本的练习。

## 练习：基本正念

1.无论你身处何地，先舒适地坐下来，专注于呼吸。如果闭上眼睛能帮助内心更快地平静，你就闭上眼睛。

2.把注意力从过去或未来的想法上转移到现在的意识上。如果你的眼睛是闭着的，现在睁开。

　　　　　　　　　　　如何正确生气

3.环顾四周，注意周围的景象和声音。观察细节。例如，也许你正坐在客厅里，观察周围环境的感官细节：窗帘的颜色和质地，最喜欢的杯子的温暖和光滑感，咖啡或茶的微妙味道，沙发或椅子的软垫。或者你坐在车里，等待汽车再次启动。感受你双手在方向盘上的力量，看看天空——天气会发生什么变化呢？

4.如果任何与当下无关的想法试图浮现，你只需说"游荡"，然后让注意力回到呼吸上。接受任何想法，但不要让其继续；就让它过去吧，然后把你的注意力转回当前的环境。

5.快乐地享受这一刻的所有细节。记得呼吸和放松。

6.几分钟后，继续你的一天。

因为这个练习简单易行，你可以每天停下来做几次，好好休息一下。你也可以更随意地将正念练习融入生活中。放慢行动，专注于体验每一段练习，这意味着没有多任务处理模式。我再怎么强调放慢语速的重要性也不为过——慢慢地行动，慢慢地说话，把注意力集中在你正在做的事情上。这样做会帮助你越来越意识到你现在的体验。

你会惊讶地发现，安静、正念的时光会对你的生活产生影响。它能帮助你在下一次与孩子的互动或在与伴侣、父母、同事或老板的讨论中全身心地投入。保持正念可以帮助你在更少的心理过滤器中体验每一刻，这样你就不用再通过过去的经历或者以每天的待办事项为背景来看待生活。现在不是搞清楚任何事情的时候，而是活在当下的时候。

关于安全的注意事项：有时你可能想在正念时保持双重（内在和外在）意识。例如，当你开车的时候，你可能想要观察你的内心体验和路过的场景，但也会想要时刻关注路况以避免交通事故。如果你在照看孩子，你需要关注外面发生的事情，即使你关注的是内在。

## 正念是我们的责任

我希望，到目前为止，我已经说服了你们：正念是一种可以使用的策略。现在，我要更进一步：正念是你应该使用的策略。我们可以选择寻求觉知。我们拥有可以控制我们有意识还是无意识的能力和自由意志。在特定的情况下，我们可以选择完全关注、完全不关注或者介于两者之间的某种程度的关注。换句话说，我们可以选择正念，也可以不选择正念，或者两者兼而有之。根据我们的选择，我们可以掌握情况的真相——或者选择

如何正确生气

对它视而不见。

要对自己和自己的愤怒负责，第一步就是要意识到自己的行为——包括内心发生了什么。我们有责任关注我们正在做的事情以及我们内心正在发生的事情，包括我们自己的愤怒情绪。

你可能没有意识到你一直在漫无目的地生活——就像我们常说的，走过场可能是一种习惯。你可能想知道怎样掌握正念这个方法。关键在于：当你意识到的时候，有意识地让自己每时每刻都有意识。把它当成你的责任，把它当成你的使命。通过这种方式，随着时间的推移，你会逐渐掌握正念。

一开始，你也可以做笔记提醒自己时刻保持正念。在你可能最需要正念的地方使用便利贴：在车里、在化妆镜上、在电脑旁边、在智能手机上、在钱包里。这个信息可以很简单："现在就在这里。"你也可以趁安静的时候问自己："我现在怎么样了？""我此刻的感受是什么？"

每个人都有一种与生俱来的能力——那就是专注，并通过这种能力从自我意识中获益。这是你的选择：你想更清楚、更完整地审视自己和周围的环境吗？这样做会让你更有效地应对生活中的挑战，更懂得欣赏生活的丰富与美好。

# 用情绪正念
# 观照愤怒

生气是在表达一种强大的情绪，当怒气在身体中移动时，会让人感到不舒服。当愤怒被触发时，我们的身体会发生很多变化：呼吸变粗、变快；心跳加速，感觉就像在奔跑；血管收缩，肌肉收紧。基本上，我们正在经历的就是著名的"战斗或逃跑"反应：当感觉受到威胁时，我们要么准备战斗，要么尽快逃跑。强烈的感觉使我们内心产生了巨大的紧张感，我们可能会有一种强烈的冲动，想要通过语言或身体发泄出来，使我们从不适中得到解脱。

　　然而，在这个心理治疗的时代，针对这种不适的新方法——避免我们生气的方法——正在被提出。许多人为未解决的愤怒而寻求咨询。在治疗师生涯早期，我曾经遇到的病人都在使用各种流行的方法来处理愤怒："自我陈述"（例如，"当我……时，我感到很愤怒"和"我听到你说的是……"）和角色扮演。这些策略可能

　　　　　　　　　　　　　　如何正确生气

提供了暂时的缓解之法，也可能减轻了他们关系中的一些压力，但我注意到，他们的愤怒并没有消失。我可以从他们紧绷的脸、刺耳的声音和僵硬的肢体语言中看出，他们的身体还在受愤怒情绪所控制。我很快意识到，这些病人仍处于愤怒的情绪中。他们不仅需要理智地理解自己的愤怒，还需要充分感受它。但是，最初，大多数人都害怕走到那一步。

## 愤怒是令人不舒服的

我的客户害怕什么？基本上就是由他们的愤怒情绪所造成的不适，以及这些情绪可能会揭示什么。上瘾已经在世界各地变得如此普遍——毒品、酒精、性、购物、工作狂——证明了人们会不惜一切代价来逃避情绪。有些人甚至害怕独处，因为这会带来太多的感受。我曾经有一个四十多岁的病人，他会自言自语，以避免独处时可能产生的想法。他从小就养成了这个习惯，因为他大部分时间都是一个人待着。作为一个成年人，他一辈子都在努力避免直面情绪，包括愤怒，因为它们让他如此痛苦。

我们大多数人都会觉得愤怒让人不舒服。当我们生气的时候，除了体验到身体上的感觉外，还会对别人和我们生气意味着什么感到不舒服。我们每个人都对潜在的愤怒高度敏感——包括别人的愤怒和自己的愤怒。假设你正在和你的商业伙伴开会，突然她走了出来，在她自己的办公室里怒气冲冲地打了一个电话。尽管没有任何证据，你也可能认为她是在生你的气。或者你去朋友的生日派对迟到了，你感到很内疚，但是害怕她生气，所以不敢向她道歉，然后你感觉她似乎在回避你。即使是在城市的人行道上与别人偶然的碰撞，你也会担心有不好的事情发生。如果有人真的对你生气，你可能会撒谎、欺骗，或者用更糟的行为，减轻自己的不适，分散威胁。

我们自己的愤怒也可能是可怕的。对同行司机感到强烈的愤怒可能让你担心自己会分心或将自己置于危险之中。有时候，我们会因为自己对孩子发怒而深感不安和内疚。最糟糕的是，我们不习惯直面情绪——把分心的事放在一边，审视我们的感觉和情绪——以便找出它们所揭示的信息。

愤怒引起的不适之所以违反直觉，是因为它就是这样被设计的。愤怒就是这样发挥作用的。愤怒是我们的情绪之一，而情绪在我们的生活中扮演着重要的角色，向我们提供关于我们自己和周围环境的信息。我们的目标是能够充分体验自己的情绪，尤其是在身体里产生的各种不同程度的愤怒，这样它们就不会被埋没，而是传递给我们有价值的信息。为了能够做到这一点——能够完全感受我们的情绪——我们必须学会如何体验不适。偶尔允许自己情绪不畅是有利于健康的。**没有不适，就没有变化，没有成长**。在这一章中，我们将学习如何使用正念来观照我们的感觉和情绪，尤其是那些与愤怒有关的情绪，这样我们就能接收到愤怒和其他情绪试图传递的重要信息。

## 用正念连接内心世界

当我把正念作为一种心理学工具来传授时，我把它作为这样一种方法介绍给我的病人：让他们有目的地放慢速度，以便更深入地了解内在自我，包括他们的感觉、情绪、冲动、想法和记忆。病人学会花时间确保自己不为外部世界分心，并且专注于自己的内心体验。在这种有价值的自我发现中，情绪的疗愈就发生了。

这种专注于我们内心世界正在发生的事情的正念，被称为情绪正念。当它与愤怒有关时，情绪正念是非常有用的，因为它让你更加意识到自己想发泄或压抑愤怒的冲动。情感上的感知也能让你洞察到自己心烦意乱的原因以及应对之策。

情绪正念能让我们体验和处理身体正感受到的情

绪。试图近距离接触痛苦的感觉似乎是违反直觉的，符合逻辑的反应是逃避它们。我们生来就倾向于逃避痛苦、寻求快乐。但是改变会令人产生不适感，而体验我们的感受可以帮助我们得到生活中想要的——健康，远离毒瘾，等等。治愈的关键是了解我们的感受。

我们可以把感觉和情绪分为两大类——舒适的和不舒服的。虽然我们的个人经历对我们的感觉有影响，但我们也必须找出产生这些感觉的原因。这意味着我们要注意我们身体发出的信息。倾听身体的好处是，它从不说谎（不像思想，它掩盖了很多）。我们在身体中感受到的情感，将帮助我们理解自己的想法和信仰，以及我们的需要。接受这个基本事实，你就能照顾好自己的情绪健康。你将有能力通过首先认识到痛苦来减少情绪上的不适，然后通过给予自己真正需要或想要的来终结它。

### 身体不会说谎

为了改善我们的情感生活和人际关系，我们需要知道我们的内在正发生着什么。我们的身体记录着我们所有的经历，包括愤怒、恐惧和悲伤，身体伤害，以及事故等。这些经历会使我们受到创伤，变得虚弱。理想的情况是，我们认识、处理并释放由这些经验所引起的负面情绪。另一方面，压抑痛苦的感觉会阻碍体内能量的流动，从而削弱免疫系统，导致出现疾病和其他问题。为了纠正这种内在的不平衡，我们必须处理和释放被否认的情绪——最终面对我们经历的真相。

如果你不相信你与外界的互动会影响你身体的运作方式，那么考虑一下神经可塑性现象——大脑通过形成新的神经元通路来重组自身的自然能力。神经可塑性有两种类型：一种是正常大脑在成年期成熟时产生的，另一种是由于损伤或环境变化而产生的。

我的一个朋友遭受了突发性听力丧失的创伤——左耳完全失聪，暂时性的或永久性的，原因不明。当她和朋友们坐下来吃午饭时，她的左耳感觉很不舒服——就好像她刚下飞机，耳朵还没有适应一样。当她起身准备离开时，她的左耳什么也听不见。在开车回家的路上，她可以看到迎面而来的车辆正从她的左边开过去，但听声音，所有的汽车都在副驾驶位那侧疾驰而过——只有她的右耳还在工作。几天后，她的大脑已经适应了，所以她听到了车辆从她的左边经过，尽管那只耳朵仍然什么也听不见。这只是她的大脑为帮助她应对持续的损失而做的一系列操作中的第一个。

同样类型的适应性神经可塑性发生在我们存在的所有领域，并持续一生，受我们的行为和环境的影响。例如，科学表明，当我们有意识地集中注意力时——这是我们练习正念时发生的事情——新的神经元连接会在大脑中形成，让我们真正地改变我们的想法，适应新的思维过程，并成长。

接受我们经历的真相，包括愤怒，对我们的身心健康至关重要。认识到我们的真实感受，使我们有可能改变那些不利于我们的行为和情况——走向一个更诚实、更令人满意的生活。解决糟糕的愤怒的方法，就是去感受我们的愤怒。这需要情绪上的正念。

### 情绪正念以身体为导向

许多正念技巧都是以身体为导向的，这意味着它们将探索你的身体所能告诉你的信息。它们提供了一种进入你丰富内心世界的方式——你的冲动、感觉、想法和信仰。正念让你能够不加判断地观察每时每刻正在发生的事情。通过不评判，你更有可能把事情看得更清楚。

随着时间的推移和正念练习的开展，你会越来越多地接触到你可以得到的内在信息。

## 内在的活动

身体的感觉

情绪

想法

　　　　　　　　　如何正确生气

信仰

冲动

记忆

担忧

判断

情绪

心理图像

肌肉紧张（身体紧张）

策略

## 感觉：身体的语言

把注意力集中在你身体的感官体验上，会让你完全沉浸在当下，这是正念的一个关键元素。这是连接你的情感和精神层面的重要的第一步。感觉是指通过感官（视觉、听觉、嗅觉、味觉和触觉）来感知刺激。"感觉"也指感官受到刺激（如体温）或身体内部发生变化（如抽筋）时产生的生理感觉。在某些情况下，感觉可能是一种不能直接归因于某种刺激的一般感觉（如不适）。

你的身体通过感觉与你交流。身体感觉本质上是你的身体用来与你交流的语言。根据前面的例子，你的感觉可能会告诉你，"我很暖和""我抽筋了"或"我很不舒服"。有些信息可能很大声（"着火了！"），另一些则可能很小声（"我很放松"），甚至可能没有被你注意到。

感觉的价值在于，它们能让我们接触到自己的即时需求，以及可能被忽视的情绪，包括愤怒。在很多情况下，我们必须选择倾听我们身体的信息。这就是正念发挥作用的地方。对感觉保持正念是一种自我同情的方式，可以让我们获得自己内在活动的重要信息。有了这些信息，我们就可以开始在行为上做出积极的改变。

注意不要混淆感觉和情绪，它们有一个细微的区别。把感觉看作身体的感觉和反应，把情绪看作意识的状态。感觉可能伴随着情绪，但它们不是同一件事。例如，考虑愤怒的情绪。对一些人来说，愤怒可能与颤抖、心跳加速、恐惧和太阳穴搏动的感觉有关。其他例子包括：畏缩是一种感觉，厌恶是一种情绪；喘不过气是一种感觉，兴奋是一种情绪；脸红是一种感觉，尴尬是一种情绪。

以下是感觉和描述感觉的单词的部分列表。你还能想到其他的例子吗？

## 感觉和描述感觉的词语

| | | |
|---|---|---|
| 失败的 | 枯燥的 | 沉重的 |
| 羞愧的 | 无趣的 | 虚伪的 |
| 气喘吁吁的 | 兴高采烈的 | 活跃的 |

　　　　　　　　如何正确生气

| | | |
|---|---|---|
| 淤青的 | 空虚的 | 饥饿的 |
| 热烈的 | 放大的 | 稳定的 |
| 寒冷的 | 疲惫的 | 增强的 |
| 湿冷的 | 扩展的 | 红肿的 |
| 紧握的 | 广阔的 | 膨胀的 |
| 关闭的 | 微弱的 | 精力充沛的 |
| 冷淡的 | 迅速的 | 瘙痒的 |
| 困惑的 | 疲劳的 | 棘手的 |
| 很酷的 | 漂浮的 | 毫无生气的 |
| 抽筋的 | 泛滥的 | 轻巧的 |
| 惨重的 | 流动的 | 无力的 |
| 潮湿的 | 焦急不安的 | 恶心的 |
| 减少的 | 冰冻的 | 麻木的 |
| 分离的 | 完整的 | 阻塞的 |
| 扭曲的 | 起鸡皮疙瘩的 | 坦率的 |
| 头晕目眩的 | 坚硬的 | 痛苦的 |
| 如坐针毡的 | 窒息的 | 焦虑的 |
| 巨大的 | 柔软的 | 厚重的 |
| 有压力的 | 疼痛的 | 悸动的 |
| 脉动的 | 痉挛的 | 发痒的 |
| 颤抖的 | 旋转的 | 牢固的 |
| 放松的 | 挤压的 | 刺痛的 |
| 释放的 | 剧烈的 | 发抖的 |

| | | |
|---|---|---|
| 潦草的 | 僵硬的 | 扭曲的 |
| 敏感的 | 静止的 | 抽搐的 |
| 安详的 | 刺激的 | 无常的 |
| 摇摇欲坠的 | 激烈的 | 振动的 |
| 锋利的 | 吃力的 | 温暖的 |
| 战栗的 | 肿胀的 | 虚弱的 |
| 忧心忡忡的 | 紧张的 | 湿润的 |
| 缓慢的 | 温柔的 | |

既然你已经看过了这个列表，那么，我想让你体验一下我们正在谈论的东西。这个简短的练习会让你有机会意识到一些微妙的——也许不是那么微妙的——感觉，你的身体正在用这些感觉对你说话。

## 练习：观察身体的感觉

1. 找一个安静的地方坐着，尽量不受打扰，专注于自己的呼吸。

2. 现在，花几分钟对你的身体做个心理盘点。把注意力停留在你身体每天感到紧张的地方。不要选择身体最近受伤或非常疼的部位。

3. 关注你选择的身体部位。观察它周围的主

　　　　　　　　　　如何正确生气

要感觉。如果你不确定哪个词最能描述你正在经历的感觉，参考上面的列表。例如，你感到头部有压力吗？脖子疼吗？胃里打结？或者你是否感觉到一种愉悦的感觉，比如背部的放松？在你的生气日记中写下你的感觉。

4. 用大约5分钟的时间，继续观察你身体中的这个焦点。不要试图改善或修改你的感觉。这种感觉一直保持不变吗？还是你的注意力改变了它？如果感觉转变成别的东西，列表中的哪个单词能识别它？写下你的感觉。

5. 现在，想想你最后一次生气的时候。试着详细回忆这件事：谁和你在一起？说的是什么？你是如何回应的？

6. 再给你的身体列个清单。你是否在其他的部位体验到什么感觉？这些很可能是与愤怒相关的感觉。

在练习中，在说出你的感觉时，你是否遇到困难？如果你一开始无法感知和描述你的感觉，不要失望。像任何技能一样，倾听你的内在活动也需要练习。当你有时间时，重复观察身体感觉的练习。如果你抽不出5分钟，那就花一点点时间检查你身体的感觉。试着用一个词来表达每一种感觉。

随着时间的推移，你将能够很容易地识别你的身体正在经历的事情。以这种方式关注你的感觉，开始接触你的真实体验。

## 情绪：来自内心的使者

一旦你能够识别你身体中的某种感觉，你下一步要做的就是弄清楚这种感觉所传达的关于你真实经历的信息。获得这种理解的一种方法是揭示和探索与这种感觉相关的情绪。这个过程将帮助你重新连接你的感觉，包括愤怒。

## 鲁 比

26岁的鲁比坐在我的办公室里，告诉我她的男友如何虐待她。讲完故事后，她说："你可以看到我忍受了多少。"最能说明问题的是，在告诉我她被虐待的故事时，她一直在笑。但是我认为这一点也不好笑，她对自己身上实际发生的事情的否认让我大吃一惊。

我向她指出了她的这种行为，接着我们又聊了一会儿。然后我让她做几次深呼吸，试着注意她身体里发生了什么，以便发现有关她的处境的真实感觉。当她说"比尔就站在跟前辱骂"时，我拦住她，问她，当她对我说这些话的时候，她内心的经历是什么，有什么感觉，什么画面，或者有哪些回忆被唤起了。每次她停止以正念跟踪自己身体的感觉时，我就打断她，建议我们继续跟踪她的感觉。

我怎么知道鲁比是不是关注自己内在的呢？我通过跟踪病人的肢体语言、他们的行为和他们的言语——某些言语会让我们关注自己的内在经历。要不然，患者只会讲述他们的经历，而不是感受。人们保持正念和反思的时候会走得慢一些。如果我们关注当下，我们就无法知悉自己的真实感受或了解自己的真实经历。当我使用"当下"这个词时，我的意思是一个人正在完全关注其内在。在某些情况下，我们倾向于脱离我们的身体，例如当我们害怕、激动或困惑时。在这些情况下，我们感到世界不安全，所以我们退缩。当我们以这种方式抛弃自己、远离不舒服的感觉时，我们就会让自己变得脆弱，因为我们不再关注内在以保护自己。正如你从这个例子中看到的，当我们脱离了我们的真实经历及真实感受时，我们经常让别人伤害我们。如果我们想在面对挑战的时候安住当下，我们就必须意识到，专注于身体内部，与我们的感觉连接，这样才是安全的。事实上，只有这样，我们才能充分地生活，成为真实的自己。

意识到并命名你的感觉和情绪是让自己完全处于当下的一个有用工具。在上一个练习中，你学会了用合适的单词描述你的感觉。我们可以对情绪做同样的事情。意识到情绪之间有时存在微妙的差别，会让你对自己的经历有更深刻的认识，也会让你对自己有更丰富的认识。它也可以帮助你对他人有更多的同理心，因为你能更好地理解他们的经历。和感觉一样，情绪的语言是一种你正在学习阐释和沟通的新的语言。

### 探索情绪的范围

有些情绪体验起来比其他的更舒服。例如，即使不是所有人，但大多数人认为快乐和爱是令人愉快的感觉，愤怒、恐惧和悲伤是不愉快的体验。当你阅读以下描述舒适和不舒服的情绪的词汇列表时，看看你是否能回忆起自己曾经感受过其中任何一个。如果是这样，试着在你的身体内感受每种情绪的具体体验。

### 表达舒适情绪的词汇
#### 幸福/快乐

| | | |
|---|---|---|
| 幸福的 | 愉悦的 | 乐观的 |
| 活泼的 | 兴奋的 | 平和的 |
| 自信的 | 喜庆的 | 幽默的 |
| 无忧无虑的 | 眼花缭乱的 | 扬扬得意的 |

如何正确生气

| | | |
|---|---|---|
| 欢快的 | 愿意的 | 满足的 |
| 满意的 | 卓越的 | 滑稽的 |
| 高兴的 | 惬意的 | 激动的 |
| 狂喜的 | 欢欣鼓舞的 | 兴高采烈的 |
| 热情的 | 陶醉的 | |

## 热 情

| | | |
|---|---|---|
| 活泼的 | 真诚的 | 专注的 |
| 热心的 | 激励的 | 强烈的 |
| 狂热的 | 兴奋的 | 积极的 |
| 气喘吁吁的 | 炽热的 | 充满活力的 |
| 卖力的 | 热情洋溢的 | 精力充沛的 |
| 热切的 | 充满希望的 | 热情的 |

## 爱

| | | |
|---|---|---|
| 崇拜的 | 着魔的 | 有魅力的 |
| 充满深情的 | 喜爱的 | 感官愉悦的 |
| 多情的 | 宽容的 | 柔情的 |
| 体贴的 | 感激的 | 性感的 |
| 珍惜的 | 迷恋的 | 柔软的 |
| 怜悯的 | 亲切的 | 富有同情心的 |
| 溺爱的 | 坦率的 | 温柔的 |
| 善解人意的 | 充满激情的 | 珍爱的 |
| 倾心的 | 浪漫的 | 温暖的 |

# 表达不舒服情绪的词汇
## 愤　怒

| | | |
|---|---|---|
| 焦虑不安的 | 恼火的 | 非常生气的 |
| 恶化的 | 暴怒的 | 疯癫的 |
| 烦恼的 | 爱抱怨的 | 吝啬的 |
| 好斗的 | 可恶的 | 不满的 |
| 心酸的 | 激烈的 | 冒犯的 |
| 激昂的 | 脾气暴躁的 | 不高兴的 |
| 沉思的 | 怒不可遏的 | 气愤的 |
| 轻蔑的 | 愤慨的 | 激怒的 |
| 易怒的 | 燃烧的 | 心烦意乱的 |
| 厌恶的 | 盛怒的 | 报复的 |
| 不快的 | 激愤的 | 义愤填膺的 |
| 狂怒的 | 沮丧的 | 急躁的 |

## 伤　害

| | | |
|---|---|---|
| 心痛的 | 忧虑的 | 犹豫的 |
| 遭受虐待的 | 委屈的 | 受折磨的 |
| 淤青的 | 悲痛的 | 受伤的 |
| 破碎的 | 羞辱的 | 毁灭的 |
| 痛苦的 | | |

## 悲 伤

垂头丧气的　　　忧郁的　　　　心碎的
受挫的　　　　　消沉的　　　　心情沉重的
沮丧的　　　　　可怕的　　　　无助的
抑郁的　　　　　沉闷的　　　　虚伪的
绝望的　　　　　无精打采的　　糟糕透顶的
失望的　　　　　孤独的　　　　虚弱的
悲观的　　　　　情绪低落的　　泄气的
闷闷不乐的　　　伤心欲绝的　　悲哀的
不高兴的　　　　不开心的　　　悲惨的
消极的　　　　　差劲的　　　　喜怒无常的
无能为力的　　　催人泪下的　　郁闷的
忧心忡忡的　　　可悲的　　　　令人扼腕的
悲痛的　　　　　一文不值的

## 混 乱

矛盾的　　　　　迷失方向的　　困惑的
迷惑不解的　　　心烦意乱的　　古怪的
发呆的　　　　　优柔寡断的　　犹豫的
眼花缭乱的　　　不知所措的　　淡而无味的
茫然的　　　　　迷惑的　　　　不安的
迷茫的

## 恐 惧

| | | |
|---|---|---|
| 害怕的 | 惊骇的 | 发抖的 |
| 惊恐的 | 歇斯底里的 | 震惊的 |
| 焦虑的 | 受到恐吓的 | 惊讶的 |
| 胆怯的 | 担忧的 | 诧异的 |
| 绝望的 | 惊慌失措的 | 不顾一切的 |
| 惊恐不安的 | 瘫软的 | 受威胁的 |
| 烦躁的 | 目瞪口呆的 | 惊惧的 |
| 焦虑的 | | |

## 担 心

| | | |
|---|---|---|
| 戒备的 | 犹豫的 | 可疑的 |
| 坐立不安的 | 拘束的 | 不自在的 |
| 担心的 | 缺乏信心的 | 担忧的 |
| 忧虑的 | 大惊失色的 | 难以预料的 |
| 不信任的 | 表示怀疑的 | 紧张的 |
| 不确定的 | 不相信的 | |

　　仅仅阅读这些列表就能让我们认识到大多数人所感受到的各种情绪。如果你对它们没有感觉，那么与它们重新连接就显得尤为重要。这里有一个练习可能会有帮助。

　　　　　　　　　　　　如何正确生气

# 练习：找到与愤怒有关的感觉

1. 找一个安静的地方站立，注意力集中在呼吸上。

2. 要感知你的感受，你必须关注内在。这就是接地练习和中心调整练习的作用。双脚分开，与肩同宽。注意你脚下地板或地面给你的支撑。脚掌抓地，膝盖稍微弯曲，让地面承载你所有的重量。真正感受地表是如何支撑你的。

3. 当你站立的时候，肩膀向后拉。慢慢做几次深呼吸。用手掌轻揉手臂、脖子和肩膀。注意力集中在身体的感觉上。

4. 回忆一次让你愤怒的事件。想象事件的细节，直到你感到愤怒。嘴里说："我很生气。"练习用不同的方式说——大声的、轻柔的、语速快的或者语速慢的。

5. 当你以这种方式练习时，注意你的身体内在发生什么。描述这些感觉。

6. 现在，检查一下除了愤怒之外的其他感觉，如果有的话。把这些感觉大声说出来，一次一个，用同样的方式表达出来（"我受伤了""我感到尴尬"等）。

7. 一旦你说出了所有你意识到的感觉，就放松姿势。再做几次深呼吸。

8.现在，把这段经历写进你的生气日记里。你可能会从这些句子开始："专注于内在是安全的。""去感知我的感受是安全的。"你也可以写下记录这种自我肯定时的内心感受。

做这个练习会给你提供很多信息。首先，你会了解自己对拥有和表达愤怒的感受。这个练习可以应用于探索任何感觉，从更不舒服的情绪（如愤怒、担忧）到更舒服的情绪（如爱、幸福）。

然而，就目前而言，我们将继续关注愤怒。在本章中，你已经掌握了一些工具，可以让你更充分地体验愤怒，这样，你就可以在决定如何回应之前检查它所传递的信息。

如何正确生气

# 以有效的方式生气

你可能熟悉广为流行的"愤怒管理"技巧（"数到十""击打一个枕头""躲进你的车里尖叫"）。我希望你能明白，为什么这种处理愤怒的方法并不能真正帮助我们解决愤怒试图提示我们注意的问题。愤怒管理的目的——只是试图控制或遏制愤怒的行为——并不足以真正达到疗愈的效果。愤怒不需要被遏制，它需要被处理和消化。否则，它将继续循环和再现。

　　所以，我不想帮助你管理——或者换句话说，关闭——你的愤怒情绪，我只是想协助你探索它。我不希望你发泄或否认它——我希望你处理它，即用正念观照你的愤怒，倾听它所传递的信息，并了解愤怒试图提醒你做出的改变。要做到这一点，一旦愤怒被触发，你就必须慢下来，这样才不会通过释放或抑制来回应它。为了完成这项任务，我们需要命名更恰当的冲动控制技术。

　　在第 4 章中，我们学习了情绪正念如何让我们观照自己的感觉和情绪。现在，我们要把所学应用到愤怒被诱发出来的时刻。这就为你提供了一种比直接诉诸你早已习惯的反射性反应——无论是发泄还是压抑——更加有效的解决方案。这样，你就不必继续将愤怒情绪发泄出来，仿佛你在情绪上被操控了——或者将怒火深深地隐藏——相反，你将开始掌握一系列方法，去夺回对情绪的掌控权，以更加有效的方式应对愤怒情绪，找到其根本，倾听其信号。

## 找出是什么激怒了你

正如我们在第 2 章中看到的，愤怒的目的是保护我们的安全，向我们传达有问题出现的信息，并给予我们需要的额外力量来面对当前的挑战——战斗或逃跑。这种额外的力量可以让我们击退所感知到的威胁，并在我们和危险之间创造让我们感到安全的足够距离。我们知道，当我们感觉自己受到冒犯或侮辱、界限受到威胁时，愤怒就会被触发。愤怒反应的不同强度——从烦恼和气恼，一直到愤怒和暴怒——决定了某种情况对我们来说有多么讨厌，以及我们觉得自己需要多大程度的保护。我们的愤怒，也可能是我们对生活中的重要人物没有满足我们的基本情感需求而做出的一种反应。引发我们愤怒的情况通常被称为诱因或热键。

一些常见的诱因是：

· 我们觉得不公平或不公正的情形；
· 让我们感到不被尊重、受伤、沮丧或失望的行为；
· 我们不喜欢的事情，比如愤怒和烦恼。

一旦知道什么事情会引发愤怒，我们就可以阻止自己扣动扳机并开枪。我们可以更有意识地选择我们该如何回应。下面的练习会让你运用正念识别自己的愤怒诱因。

## 练习：是什么让我如此生气

1. 找一个安静的地方坐下，注意力集中在呼吸上。

2. 打开你的生气日记，回答以下问题：

· 我什么时候感到最愤怒？

· 为什么愤怒让我感到害怕？

· 什么让我难过？

· 什么时候我想一个人待着？

· 别人说什么或做什么会让我疯狂？

· 当我与别人交谈时，我希望他们离我多远？

我在拥挤的聚会上感到自在吗？我是喜欢

如何正确生气

和交谈的人保持一臂的距离，还是更喜欢
和他们保持更远距离？

· 我得到了每个人都应得的尊重吗？为什么
我会有这种感觉？

· 我有时会失控吗？发生这种情况时会发生
什么？是有人说了什么吗？

· 当我发作或逃跑时会发生什么？

· 我的秘密弱点是什么？

3. 花点时间复习一下你的答案。如果你是一个
爱发脾气的人，你能找出一些让你发作的诱因吗？
如果你是一个克制愤怒的人，你能看出是什么让你
害怕和退缩吗？

在你刚刚完成的练习中有很多干货。在接下来的几
天里，你可能会想要经常复习。特别是，如果你有了新
的愤怒经历，就回看你的日记，看看你写在上面的答案
是否有助于你理解发生了什么。

## 觉察自己发火之前的冲动

下一步是让你的自省更深入一点，用正念去观察符
合你愤怒类型的"战斗或逃跑"反应出现之前的冲动。

虽然许多人没有意识到，但是在任何愤怒反应之前，人们总是会出现一种冲动——一种身体里升腾的感觉。很多人将这种感觉与愤怒本身混淆，实际上，两者是不同的。愤怒跟随冲动，就像烟花升入天空，然后突然迸发出五彩缤纷的火焰一样（尽管并非所有的愤怒都如此戏剧化）。对于愤怒，正念练习可以帮助我们识别那些提醒我们愤怒来了的明显线索，让我们有时间对如何回应做出深思熟虑的选择。当你在足够早的时候发现自己在生气，你可以阻止自己被即将发生的情绪操控，而不是采取不同的行为方式。在你采取行动之前，意识到你的愤怒即将爆发，这对你非常有益处。它会让你重新掌控自己的愤怒。

愤怒就像一团火，如果没有发现线索就会失控，哪怕只有一条线索。事实上，有些线索可能同时发生，表明你的愤怒正在发生，而正念可以帮助你发现这些线索。

### 预示你将发泄愤怒的线索

- **身体上**：心跳加速，胸闷或沉重，感觉燥热，脖子紧张。
- **行为上**：踱步，紧握拳头，提高声音并改变语调，凝视，轻拍或跺脚。

如何正确生气

- **情感上**：恐惧、伤害、嫉妒、不尊重、感觉受到威胁。
- **精神上**：充满敌意的自言自语，幻想报复或侵略，反复就某个问题和别人争论。

## 提示你在隐藏愤怒的线索

- **身体上**：感觉比平时更累，醒来时也很累，难以入睡或比平时睡得更多（可能一天睡 12—14 个小时），身体僵硬，面部抽搐，胃溃疡，头痛。
- **行为上**：习惯性迟到，拖延完成强加的任务，讽刺，阻碍，爱八卦，过分礼貌，经常高兴，叹息，声音单调，缓慢移动，咬紧牙关，身体动作重复（如摆动腿）。
- **情感上**：易怒，无聊，消极，冷漠，失去兴趣。
- **精神上**：对生活持愤世嫉俗或讽刺的观点，做令人不安或可怕的梦，迷糊，抑郁，痛苦，疑虑。

下面的练习将帮助你发现，哪些愤怒的线索是预示你要生气的最明显、最可靠的信号。

# 练习：我生气的主要线索是什么？

1. 找一个安静的地方，将注意力集中于呼吸上。

2. 再慢慢读一遍愤怒的线索。我建议你把它们通读一遍，不管你的愤怒类型是什么。

3. 接下来，回忆一件令你愤怒的事情，回顾事情发生的细节，看看你是否能回忆起你是如何知道自己生气的。或者关注你的身体和思想，看看仅回忆这件事是否能给你提供愤怒的线索。你的下巴紧绷吗？你想过报复吗？你是否立即去责怪别人？

4. 在你的生气日记中写下你注意到的单一或多条线索。

5. 回到步骤 2 到步骤 4，找出一些更令人愤怒的事件。继续写下你发现的线索。

6. 接下来的一周，在现实生活中观察你自己。当你度过这一天的时候，密切关注你内心发生了什么。每天晚上，花些时间写你的生气日记，找出你发现的生气线索。

当你体验到正念给你的内心世界带来的更高的意识和专注时，你就会很容易识别出在你生气之前的基本线索。这些基本线索是你控制愤怒并选择探索它而非被动反应的基石。

## 控制冲动

控制你愤怒之前的冲动——及时避免发泄怒火或隐藏怒火，其妙处在于，它给了你一个探索愤怒并收获回报的机会。它也给了你选择如何回应愤怒的机会。在看到愤怒所带来的许多毁灭性后果后，我们会发现它有一个不小的好处。它可以把一种失控的生活，转化为一种充满有意义和爱的关系的、富有成效的、令人满足的生活。

那么我们怎么做呢？愤怒是一种一直存在于我们身体和心灵中伺机而动的情绪能量。它具有丰富的智慧——洞察力和信息。捕捉到愤怒即将来临的内在信号或线索，将使我们有可能转向一种好奇和自省的思维模式，该模式有助于了解愤怒可能教给我们什么。这就是正念的价值。

如果你不审视你的愤怒就大发雷霆或消耗掉你的肾上腺素，你就不会知道你的愤怒想要揭示的真相。捶打枕头和坐在车里尖叫等"愤怒管理"策略都是发泄的形式，不是我们真正想要做的。在探索这些感受之前就释放它们，我们就无法从它们所承载的信息中获得智慧。我们始终可以选择——无论我们是否意识到——停下来探索愤怒，从中学习并释放它，而不是以陈旧的、破坏性的方式做出被动反应。陈旧的反应方式从来不会提供我们想要的东西，只能释放临时溢出的情感，直到我们的诱因再次被触发。

## 冲动控制策略

正念练习用一种崭新的意识武装了你，让你知道哪些事情会触发愤怒和冲动，这样，你就可以开始全天候地进行自我觉察了。当你发现自己开始生气时，把控制自己作为一个新的个人挑战。以这种方式保持专注会让你获得力量——这是迈向更好生活的一大步，因为它打开了一扇清晰的窗户，给了你选择的礼物。当愤怒发生时，你要做好准备，让自己慢下来，这样你就不会发泄你的情绪或不敢直面它们。以下是一些针对两种主要愤怒类型的冲动控制技巧。当你下一次意识到这种冲动的时候，试着用其中一种方法来控制它。

愤怒发泄者：目标是让自己冷静下来，让愤怒留在你的身体里，而不是发泄出来。给自己一个暂停的时间，缓慢深呼吸几次，从鼻子吸气，从嘴巴呼气。从1数到10（或者20，如果你认为需要的话）。闭上眼睛，深呼吸，告诉自己要放松，不要做出反应，时刻观察自己的情绪就行。如果你已经想象出一个安全的撤退地点，现在就去那里。

愤怒抑制者：目标是留在你的身体里，而不是逃跑。通过让自己站稳脚跟来做到这一点，就从拥抱自己开始，真正感觉到你的存在。你也可以尝试另一个接地练习：坐着或站着，让脚趾轻扣地板，张开和握紧你的拳头，然后用手抓住另一侧的前臂，按揉你的皮肤。睁

　　　　　　　　　　　　如何正确生气

大你的眼睛，专注于你的身体。

　　无论你是愤怒发泄者还是愤怒抑制者，你都应该专注于自己的身体内在，了解自己当下的感受。身体从不对我们撒谎，它们只是揭示隐藏的真相。相反，我们的头脑也许曾无数次引导我们误入歧途。第4章的练习能帮助你学会倾听内在发生了什么，我们在这里将继续这项练习。想想那些让你生气的事情。你对发生的事情的看法——而不是发生在你身上的事——决定了你的感受。我们再来看看基思和史黛丝的故事。基思希望有一个安静的下午，能和史黛丝一起坐在沙发上看电影，而史黛丝坚持要参加家庭协会的聚会——这一次从史黛丝的角度来看。


## 史黛丝和基思


　　当史黛丝穿好衣服准备参加家庭联谊会时，她眼睛一直盯着车道。基思总是在周末把时间花在做杂事上。他不是根据她准备的清单行动，而是闲逛到葡萄酒商店和书店。她确信自己提醒过基思今天早上要参加家庭联谊会，但他还是迟到了。当他不在的时候，她已经帮孩子们做好了参加朋友生日派对的准备，包装好了礼物，把他们送到派对上，打扫完房子，洗了澡，穿戴完毕。终于，她听到车库门开了又关了。"基思，家庭联谊会半小时后就要开始了，"当基思步履沉重地走进厨房时，史黛丝这样跟他说道，"你有足够的时间，洗个澡，换身衣服。"

"哦，我忘了，"基思承认道，"听着，我真的累坏了。你知道我工作有多努力。我们今天下午不去了，就待在家里，行吗？"史黛丝盯着丈夫看了好一会儿。"不可能，"她最后用责备的口吻回答，"如果你不去，你就一个人留在这里。明白了吗？"

史黛丝也感到很累，但她还是决定去参加联谊会。基思、史黛丝一家人几个月前才搬到这个社区，她当时还没有在这里交到朋友。史黛丝在家工作，她希望有附近的朋友跟她一起散步或一起喝咖啡——她需要一点社交活动。她期待能在联谊会上结交到一些新朋友。

看到基思走进客厅时脸上的表情，史黛丝叹了口气。这对他来说很容易——他在工作中有很多朋友，还是一个周日高尔夫俱乐部的成员。难道他看不出妻子需要家庭以外的社交吗？

基思和史黛丝都忽略了愤怒的线索——他充满敌意的自言自语，她训斥的语气——这些都可能为他们讨论合作关系提供机会。通过正念探索他们的愤怒，他们的关系可能会更亲密，对他们来说更有意义。

　　　　　　　　如何正确生气

## 生气日记

　　生气日记是一个极为有用和有价值的自我发现工具，可以帮助你在史黛丝和基思错过机会的地方取得成功。到目前为止，我们一直在使用生气日记来记录你的自我发现练习。每当你的愤怒被激发，你就可以使用生气日记。随着时间的推移，你将能够抓住有价值的愤怒线索，并进入愤怒想传达给你的核心信息。每次你即将要发怒时，与其发泄或抑制情绪，还不如坐下来，拿出笔，仔细研究生气日记中记录的问题。以下是一个关于如何书写愤怒事件的简单提纲。

### 练习：书写生气日记的简单提纲

　　1.愤怒事件：尽可能详细地描述愤怒事件。你在哪里？当时是什么时间？你是一个人还是和别人在一起？在你开始感受到愤怒的征兆之前，你在做什么或说什么？

　　2.运用正念的技巧，想想你生气那一刻的感觉。用数字1—10代表愤怒的程度，1是最温和的，10是最强烈的，你的愤怒程度可以用哪个数字表示？

3. 下面哪个词最能描述你的愤怒？

· 烦恼

· 刺激

· 恼怒

· 怨恨

· 懊恼

· 理直气壮

· 激怒

· 暴怒

· 盛怒

· 其他：____________________

4. 愤怒类型：生气的时候，你会做什么？

· 压抑（自我封闭）

· 通过尖叫、叫喊、咒骂或说难听的话向外发泄

· 通过与知己（配偶、朋友等）讨论释放

· 通过剧烈运动或体育活动释放

· 通过扔东西或破坏物品释放

· 通过书写文字粗鲁的便条或备忘录释放

· 通过噘嘴或生闷气表达出来

· 以一种健康、自信的（而不是有害的、侵略性的）方式来表达对挑衅者的态度

· 其他：____________________

把你的感受全都写进日记。

5.愤怒的线索：写下你在做出回应之前感觉到的愤怒线索。正念可以帮助你探索身体的感觉。这里有一些建议：

· 肠胃里有一种痉挛的感觉

· 头痛

· 脖子僵硬

· 牙关紧咬

· 心跳加速

· 拳头紧握

· 呼吸急促

· 喉头哽咽

· 浑身颤抖

· 暴饮暴食

· 吸烟

· 酗酒

· 吸毒

· 反复思考某人某事

· 想要报复或复仇

· 其他：_____

这个列表是不完整的。写下这些线索和其他你可能感觉到的东西。

6.触发愤怒的因素：想想发生了什么。你能看出你生气的原因吗？以下是一些建议：

- 我受到不公平或无礼的对待。我关心的人受到不公平或无礼的对待。我们中有一个或更多的人感到被骚扰
- 我的期望没有实现
- 我感到无能为力
- 我无法控制局面
- 我的道德观或价值观被冒犯了
- 我感到焦虑和压力
- 我很疲劳
- 我的自尊心受到了伤害
- 有人考虑不周/不称职/吹毛求疵/不负责任
- 有人干扰我的目标或计划
- 我遇到了堵车/在市场排了很长的队
- 我很累/疲惫
- 我表现得愚蠢
- 财产受损或遭到毁坏

7.同样，这不是一个完整的列表。写下你的感受、想法和所作所为。

8.你生气有多久了？几分钟？几小时？一整天吗？

9.当愤怒事件结束后，你有什么感觉？

· 紧张

· 惶恐

· 内疚

· 悔恨

· 沮丧

· 悲伤

· 生自己的气

· 无助

· 尴尬

· 惭愧

· 为自己感到骄傲

· 松了一口气

10.写一个关于你从愤怒中学到什么的简短总结。它告诉你需要做什么？它在分享什么智慧或洞见？

刚开始的时候，你很可能每天都要写生气日记，只是为了对愤怒保持清醒。结合你对愤怒线索和触发愤怒诱因的新意识，日记将帮助你认识到愤怒爆发之前的冲动。这是治愈你愤怒的第一步。通过变得有意识，你会发现当愤怒即将产生时你有的可选，包括选择探索你的愤怒。以下是生气日记对约书亚的作用：

# 约书亚

　　最近，14 岁的约书亚对他的父母越来越生气。学校里有很多关于环保的讨论，但约书亚没能说服他的父母回收和利用废品。当他提出这个想法时，他的父母开始跟他辩解，三个人最终吵了起来。约书亚的父母抱怨说，在物品运走之前把它们存放起来会让家里混乱不堪。因为在他们的社区没有回收站，他们也不愿意花费时间把废物材料送到回收中心。对约书亚来说，这些回答只是站不住脚的借口。由于父母不支持他的想法，约书亚怒不可遏，对父母冷嘲热讽。

　　经过一个星期的自我观察，并使用生气日记，约书亚了解了自己的愤怒发泄模式——尤其是通过使用严厉的语气和难听的语言来发泄。在从身体寻找愤怒的信号时，约书亚发现他的基本愤怒线索是握紧拳头。使用生气日记帮助约书亚释放了他体内的紧张情绪，而写作帮助他认清了自己潜在的愤怒情绪。在这种特殊情况下，他意识到，他在废品回收这件事上发火，是由于他感觉自己的道德观和价值观被冒犯了。一旦理清了自己的想法和情绪，约书亚便不再生父母的气了。相反，他让他们坐下来倾听自己的需求。约书亚阐述自己的观点时冷静而自信，不但合理地表达了自己的需求，也明白了父母的真实想法。

经过这次平和而冷静的讨论后，他的父母发现约书亚对未来的思考原来那么周到，很欣赏他讨论这个话题时所显示出的成熟。最终，约书亚和父母达成协议，他们决定为家庭回收计划确定一个试验期，以评估该计划在他们家是否行得通。

　　在这一章中，我们已经认识到，正念有助于我们隔离在愤怒爆发之前出现的冲动，从而让我们可以更好地控制自己的情绪反应。在引发愤怒的刺激和我们采取的行为之间创造这种安静的间隔，好处远不止这些。在第6章中，我们将学会利用这个正念空间，来发现那些不合理的期望和错误的想法，这些期望和想法也许能解释我们为什么会愤怒——理解了愤怒的原因，我们也许能够把那些激怒我们的事情排除在外。

# 认知如何影响愤怒

你可能会认为，当日常的压力事件发生时，你只是简单地做出了反应。例如，有人超车时，你会生气。事实上，在压力源和你的反应之间，隔着一层思想和认知，而它们决定了你的反应。美国心理学家阿尔伯特·埃利斯（Albert Ellis，1913—2007）用 A+B=C 模型来概括这一理论。

在方程式 A+B=C 中：

·A= 应激事件（Activating event）

·B= 认知（Belief）

·C= 行为结果（Consequence）

基本上，当一种情况（A）发生时，你对这种情况的认知和想法（B）导致你产生情绪和反应（C）。

我们考虑一下情绪的本质。许多人认为情绪是本能地或不由自主地产生的，脱离了人性。这在某种意义上是正确的，因为一个人可能会感受到爱、愤怒、恐惧和其他情绪。然而，我们在情感上对个别情况的具体反应也许是一种选择方式——通常是无意识的选择。这种选择自然地产生于我们的认知，这些认知源于早期经验。

那么，你怎么知道你的想法和认知是否在煽动你的愤怒呢？为了找到答案，当你的愤怒情绪被触发时，注意调整一下你对自己所说的话。我们在第4章和第5章中学到的正念技能，将帮助我们在激发愤怒的冲动和我们的反应之间创造一个缓冲空间。当我们仔细观察这个空间时，我们可能会为我们的愤怒找到一些合理的解释。在工作中，你的老板是否提出了不合理的要求——或者，如果你是老板，你是否认为员工会在午饭后偷懒？在家里，你是否经常对伴侣、孩子——或者某个特定的孩子——生气？你的朋友或邻居总是让你心烦吗？

在这一章中，我将要求你更仔细地观察你生气时的情形，看看在这些事件背后可能隐藏着什么信息。我们不需要挖掘这些隐藏的信息和意义。我们只需要保持正念状态，就会发现它们一直在向我们展示自己。通过专注于我们的身体内在，我们可以追踪我们的愤怒，以及那些不利于我们的想法和认知。为了自己的幸福，我们需要去改变它们。

## 猜测别人的行为

人们倾向于通过对过去的回忆来看待现在的事件，尤其是不愉快的事件。然后，我们可能会以一种与当前形势不相称或没有准确反映当前形势的方式做出反应。考虑以下假设场景：

- 早上，你和妻子就晚餐吃什么达成了一致。你在回家的路上买了必要的食材。但当你到家时，妻子说她想出去吃晚饭。你咆哮道："你说过你来做晚饭的。如果你不遵守约定，我为什么要特意去买东西呢？我就不能指望你信守诺言。"

- 你和丈夫都工作繁忙。你认为，如果你自己不做家务，就没人会做。当你做这些事情（例如洗衣服、付账单、倒垃圾）时，你发现自己愤愤地嘟囔着："为什么总是我为家里承担责任？"

- 一天晚上下班后，你跟丈夫解释说，你们需要在星期六送两个孩子参加不同的活动。你列出了每个人在这一计划中的分工。但星期六那天丈夫却忘记了他在计划中的角色。"你从来都不听我的！"你这样指责他。

- 你希望妻子知道，你不想和邻居琼斯夫妇在一起聚会。你本来准备在家里度过一个轻松的周末，突然听到她在电话里说要安排和琼斯一家共进晚餐。

如何正确生气

"我认为你喜欢他们胜过喜欢我。"你告诉妻子。

当你发现自己对一件事情很生气时，试着问问自己："事情是怎么发展到这一步的？我看到事情的真相了吗，还是我把过去的情绪带入了现在？"这里有一些线索，表明你是在对过去发生的事情做出反应，而不是当下的情况：

- 即使在别人道歉或解释之后，你仍无法释放体内的愤怒情绪，从而轻装前行。
- 你意识到自己有习惯性的反应。
- 你使用的语言表明，这是过去发生的事情——当你抱怨单一事件时，从来没有出现或总是出现。
- 你看待事情非黑即白——要么全好要么全坏，要么全有要么全无。
- 你倾向于得出最糟糕的结论：灾难性思维。
- 你总是责怪对方，而不是更准确地评估问题的根源——你会反应过度。

## 金妮和爱丽丝

每到星期一，金妮和爱丽丝总会一起去吃午饭，然后在附近散步，做些运动，补上上周的功课。这个星期一，她们吃饭的时候，爱丽丝显得心不在焉，金妮意识到爱丽丝几乎没有在听她说话。她不想对爱丽丝发火，所以她选择继续说下去，尽管她大部分时间都在自言自语。

当她们离开餐厅时，爱丽丝说："我在等一个重要的电话，所以我必须马上回办公室。今天不能散步了。再见。"她的飞吻落在了金妮的左耳附近，然后她就走开了。

金妮心中的失望很快转化成了愤怒。"爱丽丝根本不在乎我，"她想，"如果她不想再做我的朋友了，她应该直接说出来，而不是对我不冷不热。"

金妮说话的声音像你吗？或者你会中立地想："我想知道爱丽丝怎么了，我得晚点给她打个电话，看看她是否还好。"在这种情况下，把自己从情绪中抽离出来，不要做出假设和判断，这很重要。

保持开放的心态，你可能是根据过去的经验（尤其是习惯的经验）——甚至是你的童年经验——来判断一种情况。回到本节开头的假设场景。

- 当妻子改变了主意不想做晚饭时，你决定不相信她的话。
- 如果丈夫不帮你做家务，你就会把自己描绘成这段关系中唯一做出牺牲的人。
- 当丈夫忘记带其中一个孩子去参加某个活动时，

你认为他没有注意到你对他说的话。

- 当妻子邀请邻居共进晚餐时，你认为她是选择他们而不是你。

你能看出你对这些情况的反应有多极端吗？这里肯定另有隐情。"总是"和"从不"这两个词用在这里合适吗？晚回家一个小时真的意味着丈夫不值得信任吗？或者在过去的某个特定时间里，丈夫或其他人让你失望了吗？你是否总是为你和丈夫的关系做出牺牲？老板是否对你提出了不合理的要求？你让丈夫帮忙了吗？是丈夫从来不注意你说的话，还是这种没人听的感觉可以追溯到童年？

通过过去解读现在的危险在于，我们没有机会处在我们目前的关系和现状中，从而让我们可以帮助它发展。习惯性反应让我们陷入困境。对当前环境的不同反应不受过去的影响，为亲密和成长铺平道路。正念练习能够让我们探索愤怒周围的感觉，这样，我们就可以直接解决过去的问题。然后，它们将不再出现在我们的日常生活中。

然而，我们暂时活在当下吧。当你发现自己正把自以为是的愤怒指向另一个人时，花点时间仔细地探索一下这种情况，也许情况并不是你想象的那样。

# 练习：假设可能是错误的

1.在一张纸上画一个圆。我们将创建一个饼状图，代表你认为不合适的行为的可能解释。

2.用线把圆分成四个部分。

3.每一个部分或饼状切片都表明一种对方行为的可能解释。例如，假设丈夫比他说的时间晚回家了一个小时，所以他晚了一个小时才吃到你做的晚餐。你可能会认为丈夫不值得信任，但我们来看看其他可能性：

- 他被困在办公室里，接听来自另一个时区的客户的重要电话。
- 高速公路上的事故造成交通拥挤，他不得不绕道而行。
- 他停下来为自己或为家里办了几件重要的事。
- 他的车爆胎或发生了其他机械故障，需要修理。

4.在你愤怒的冲动和反应之间的正念空间里，考虑让你心烦的行为的其他可能性解释——不同于你习惯做出的假设。

当你越来越善于评估愤怒背后的事实时，你可能不再需要饼状图来考虑其他解释。当你开始审视隐藏在愤怒之下的现实时，正念是一个有用的工具。

## 不切实际的期望

　　另一种助长愤怒的极其常见的想法是不切实际的期望。我发现，人们每天至少因为各种大大小小的期待未得到满足而生气 8—10 次，可能是有人挡了他们的道、发现男朋友在撒谎、有线电视修理工迟到，也可能是他们的停车位被别人占了。

　　在人际关系中，有各种各样的未被满足的期望，其中许多是不现实的。例如，我们可能期望人们自动知道我们需要什么，而不用我们告诉他们。我称之为读心期待。解决这种期待的方法是告诉自己："指望别人读懂我的想法是不现实的。因此，我的主要任务是负责沟通我的需求。我必须认识到，没有人能读懂别人的心思。"

　　另一个例子是期望其他人遵守他们达成的每一项协议。这种期望也是不现实的。例如，你不能指望一个 12 岁的孩子会达成并遵守他们不喜欢的协议。他们可能忘记了或者被很多其他事情缠住了。有这种期望的人，可以通过认识到这一现实并改变对他人的期望来帮助自己。

　　还有一个显著的例子是完美主义。完美主义者认为他们必须完美，否则他们就会生气。他们也期望其他人是完美的。当别人被证明是不完美的时候，他们也会生气或不耐烦。

# 安妮塔

43 岁的安妮塔是一位已婚的专业人士，有两个年幼的孩子。她对自己的生活要求很高，希望继续保持积极和健康的生活。一天，安妮塔在房子里跑来跑去的时候绊倒了。尽管她尽量控制自己的身体，但还是笨拙地摔在了地板上，将左腿摔断了。刚开始的时候，为了让左腿尽快痊愈，她只能走路的时候极小心，一点点移动，这让她快要发疯了，对孩子和丈夫大发雷霆。她被自己复杂的情绪搞糊涂了。

当一位治疗师建议安妮塔尝试一种正念练习时，她使用了第 3 章中的练习来观照内在。她看到自己对正常生活被打乱的状态感到非常愤怒。安妮塔意识到自己对生活失去了控制，这让她感到无助和无能为力。安妮塔一直因自己是一个完美的母亲和完美的妻子而感到自豪，尽管没有人要求她达到像工作那样高的表现标准。对这些感觉做出回应并不能解决它们——愤怒只会继续循环。

相反，安妮塔需要体验痛苦的感觉，以及身体通过她的情绪所要传达的信息。通过正念练习，她意识到自己需要调整，以帮助康复。她发现，在康复期间做一些活动，比如编织和阅读，能给她带来快乐，并减轻她的压力。

有些人认为，他们可以做任何他们想做的事情——例如迟到——其他人应该无条件地接受他们的行为。这也是不现实的。他们认为，自己即使让别人失望或向别人发怒也应该被原谅，因为自己过去做了好事。这种不切实际的期望被称为权利。

如果我们期望别人原谅我们，但他们反而对我们生气，我们常常也会反过来生他们的气。我们回到对愤怒的理解，愤怒是一种某些地方出错了的信号。我们未实现的期望会让我们感到愤怒，这一事实告诉我们，我们的想法出错了，需要改变。将我们对一个人或一种情况的期望从不切实际转变为现实，可以大大减少我们感受到和想发泄的愤怒。


## 过去的负面影响

如果你每次吃冰激淋都会生病，你就不会对全家人出去吃圣代感到兴奋了。如果你喜欢邻居新饲养的一条狗，当邻居去度假、想请你代为照顾它时，你肯定会很高兴。过去的经历常常影响我们对新情况的看法，给我们带来积极或消极的联想。

好消息是，尽管过去的经历会对我们当前的感知和反应产生很大影响，但仍在我们的掌控之中。如果我们意识到了过去的影响，就可以选择免受条件反射的制约。我们可以打破习惯思维，用全新的眼光——初学者的思维——看待问题，这可以让我们做出新的选择，改善我们的生活。

假设你下午开完会准备开车回家，此时正值交通晚高峰。很快，你旁边车道的车加塞儿冲进你所在车道，你必须猛踩刹车以保持安全距离。你注意到自己感到非常焦躁不安。通过运用所有的正念工具，你会注意到你内在的感觉（知觉），比如呼吸加快、牙关紧咬、胃肠痉挛。你意识到，除了焦躁不安，你还感到有点愤怒和害怕。

你想起来以前曾经遇到过类似的情况：前车司机在没有提醒的情况下停了车，导致你的车撞到了前车尾部。跟那次的情况相对比，你会意识到这次的情况没有那么危险。你告诉自己，你可以放松一下。你明白自己是因为之前的那次事故而变得过于紧张。

在这种情形下，你可以问自己一些问题：

· 这让我想起了什么？
· 我以前有过这样的感觉吗？

现在的过度反应暗示着过去可能存在未解决的问题。特别是当你觉察到自己反应过度的时候，观察现在正在发生的事情，并探索它是否跟过去的经历有联系。如果你觉得自己需要更多的帮助才能解决过去的问题，应当寻求治疗师的协助，就像我的病人罗斯所做的那样。

# 罗　斯

由于自己童年时被父母忽视，罗斯对养育儿子瑞恩比较焦虑，有点保护过度，她会想象瑞恩所做的每一件事都可能导致最坏的结果。之所以这样，是因为她有一段痛苦的回忆，与她初中时的滑雪旅行有关。在这次旅行中，因为缺乏训练，罗斯有点跟不上她的朋友的速度，感觉自己太笨拙了。在一次滑行中，罗斯重重地摔了一跤，摔断了胳膊。所以，当儿子瑞恩问她，他是否可以报名参加学校滑雪俱乐部的周末旅行时，罗斯断然拒绝了。她说儿子很可能会因扭断脖子而死。

在一次心理治疗中，我告诉罗斯，她对于未来的可怕幻想有点夸张了。经过多次讨论，她最终同意让瑞恩去滑雪，前提是她丈夫必须陪着一起去。通过我们持续的合作，罗斯开始明白，她将自己的恐惧投射到了儿子身上。罗斯下定了决心，想要解决她被忽视的问题和这种旧的反应模式。

在治疗中，我对罗斯使用的一种方法是，引导她谈论童年时被忽视的痛苦，在感觉安全的房间里和我在一起，体验到身体的感觉想要她了解的真相。通过承认这些来自过去的感觉，并在一个安全的环境中探索她的历史，罗斯慢慢愈合了。这种探索也最终帮助她发现，当前生活中的事件何时会引发愤怒。每当这个时候，罗斯就会注意自己在瑞恩面前的表现和反应。她努力把注意力集中在当时实际发生的事情上。与此同时，她允许自己感受强烈的情绪反应——但她不会让它触发她的旧有习惯。随着治疗的进展，罗斯变得积极起来。她以前不希望儿子长大，是因为她对探索世界缺乏信心。

罗斯这个例子，告诉你如何区分过去和现在，充分感受你的感觉，发现新的选择，甚至治愈原来的伤口。通过打破情绪的不正常循环，你可以为自己和他人创造一种更健康的生活。我赞赏像罗斯这样的父母，他们努力工作，愿意面对个人问题。孩子和父母都能从中受益，因为他们会在这些问题中成长。然而，并不是所有的父母都能像罗斯这样清醒，还有许多人并不明白，自己的行为限制了孩子在日常生活中的能力，加剧了家庭里的愤怒。


## 修正过时的认知

许多对我们生活影响最大的认知都是无意识的。在孩提时代，它们可能很有用，但当我们长大后，它们就像我们的旧衣服那样不再有用了。这些认知存在于我们意识之外的某个层面，对我们的行为施加了巨大的影响。你的不合理认知会将让你的行为很极端，所以你需要仔细观察它们，这一点非常重要。检验认知的第一步是识别它们。当你生气的时候，注意你自己说的话。你可能会发现如下认知：

- 关系是有风险的，因为人们总是会离开。
- 我只有在被需要的时候才有价值。
- 我必须完美才能被爱。
- 寻求帮助是软弱的。
- 我的意见不重要。
- 我总是赢家。
- 我必须控制我生活的环境。
- 我需要顺从别人以维持和平。
- 每个人都跟我作对。

你一旦确定了自己的一个无意识认知，就问自己以下问题：

- 它的起源是什么？
- 它还支持我吗？
- 它会阻碍我吗？
- 这会让我在恐惧的状态下工作吗？
- 我可以用一个更有成效的认知来代替它吗？

为了疗愈自己，我们必须发现和处理不合理的认知——释放它们，并用支持我们健康成长的新认知取代它们。为了发现可能会引发你愤怒的潜意识想法和认知，请回顾以下错误的思维类型，这些都是由广受尊敬的家庭治疗师布莱恩·罗宾逊（Bryan Robinson）在《被束缚在桌子上》（*Chained to the Desk*）一书中列出的。记住，错误的想法会导致你以一种扭曲的方式看待自己，它将破坏你的成功，让你以愤怒的方式行事。

## 错误思维类型

- 自我缺陷思维：我做的一切都不够好；我有点不对劲；我不称职／名不副实／不招人喜欢。

- 完美主义者思维：事情必须完美才能让我开心，而我做的任何事都不够好。

- 全有或全无思维：如果我不能让所有人满意，那么我什么都不是；我要么花时间和家人在一起，要么在经济上支持他们——没办法两者兼得；我要么是最好的，要么是最坏的，没有中间地带。

- 望远镜式思维：我觉得自己很失败，因为我总是关注并放大自己的缺点，忽视自己的优点。

- 界限模糊思维：我很难知道何时该停止，何时该划清界限，何时该对他人说"不"。

- 取悦他人思维：如果我能让别人喜欢我，我的自我感觉会更好。

如何正确生气

- 悲观思维：我的生活一团糟，充满压力，充满痛苦和绝望，但生活就是这样的。
- 灾难性思维：我感觉生活失去了控制，可能会有可怕的事情发生，所以我不能放松，必须做最坏的打算。
- 无助思维：我无法改变我的生活方式；我没有办法改变我的日常安排，无法放慢速度。
- 自我牺牲思维：我的超负荷工作、压力和精疲力竭都要归咎于别人和其他情况。
- 怨恨性思维：我心中充满了怨恨和痛苦，我永远不会原谅别人对我所做的一切。我是一个对工作要求很高／家庭贫困／认为"你什么都能做"的社会的受害者。
- 抵抗思维：生活是一场艰苦的战斗，我必须通过斗争来坚持自我，抵制我不想要的东西，坚持让它们保持原状。
- 一厢情愿思维：我希望我能拥有我无法拥有的东西，因为我拥有的东西毫无价值。如果我的情况能改变，我就能放慢脚步，更好地照顾自己。
- 严肃思考思维：玩乐是在浪费时间，因为有太多的工作要做。
- 外化思维：幸福可以在外部世界中找到。如果我生活的外部环境改变了，我内心的感受也会随之改变。

当你的思想不能促进你的幸福时，你的思想可能会是你最大的敌人。遵循以下步骤，留意那些正在破坏你的幸福、成功和安乐的想法。然后，你就可以改变你错误的想法，从而改善你的生活。

## 练习：开发有益的思维

1. 找一个安静的地方坐下来，注意力集中在呼吸上。

2. 浏览一下错误思维类型，找出你最常见的模式，把它们写在你的生气日记里，在每个模式下面留下足够的空间。务必如实写下自己的错误思维。

3. 重新检查你自己的错误思维模式。对于每一种思维模式，都试着问自己："这个想法让我感觉如何？"例如，如果你拥有自我缺陷思维，当你认为自己不称职、名不副实、不招人喜欢时，你会体验到什么样的身体感觉和情绪反应？把这些加到你的清单上。

4. 你是从哪里得到这种想法的？有人直接告诉你的吗？还是你通过观察别人对你行为的反应而得到的？

5.为了给自己力量，试着探索每一种思维类型的反面。换句话说，把否定句换成肯定句。你可以用不同颜色的笔。例如，如果你是望远镜式思维，就关注你的优点而不是你的缺点。如果你是悲观思维，就告诉自己你有能力把握人生——生活可以由你决定。当你专注于这个新的陈述时，注意你的感觉。你内心有什么变化吗？

6.把最初的陈述再说一遍。问问你自己："我真的要继续这种思维方式吗？"如果不是，就把原来的项目从清单上划掉。"我能做些什么来改变这种模式呢？我该怎么做呢？有没有另一种我更愿意采用的思维模式呢？"你要意识到，你确实有能力选择一条不同的道路。

7.为了支持这个新选择，可以创建一个两列的图表，左边显示旧思维，右边显示新思维，或者就用一个简单的新旧思维列表（参见下面的示例）。把它贴在你随时都能看到的地方。当你发现自己以旧的思维生活时，果断切换到新的思维，并观察你感觉的变化。

旧思维：我不够聪明，应聘不上新工作。

新思维：新工作的很多要求与我的工作经验相吻合。

# 艾 伦

艾伦是一位单身母亲。她来找我的时候，已经因为压力太大而开始掉头发了。当我们分解她生活中的压力源时，很快就发现艾伦不知道什么时候该对别人的要求说"不"。由于她乐于帮忙，尤其是在她儿子的学校里，艾伦享有乐于助人者的声誉——谁需要做什么事时，都可以找她帮忙。她陷入要求很高的全职工作、抚养儿子以及额外的责任当中，忙得不可开交。

当我们探索艾伦模糊的思维边界时，我们发现了她总是对请求她帮助的人说"是"的一些动机：她不想破坏关系，害怕引起冲突，或担心显得自私、粗鲁。她还想表现得跟那些当家庭主妇的妈妈们一样有足够多的时间参与孩子学校的活动。

幸运的是，艾伦意识到，她必须改变了。我引导她产生了一个新的想法：适当安排她的时间和精力，这可能对她和其他人都有益。除了脱发，她不需要其他证据来证明，少劳累一点、多放松一点对她的健康会更好。此外，拒绝额外的任务可以让她完成现有任务的质量更高。最后，通过说"不"，她将为其他人提供承担新责任的机会——这不仅可以促进他们的个人成长，也有助于项目的开展。

如何正确生气

正如我在这一章中提到的，我们在童年时期就形成了绝大多数的个人认知。这些认知是从父母、同龄人、社会、我们的经历以及与早期社交圈中关键人物的互动中学习来的。在第 7 章中，我们将研究这些早期经历可能造成的一些深刻创伤。

# 愤怒与童年创伤

孩子们是小小的"地图绘制者"。当事情发生在他们身上和周围时，他们会从这些事件中形成对生活的理解，并将它绘制在自己内心的世界地图上。他们所理解的通常在短期内对他们有用——帮助他们处理困惑或痛苦的经历——但从长远来看，这会使他们过度恐惧、想保护自己，从而给他们带来极大的伤害。

假设爸爸总是在吃晚饭时检查吉米的作业。爸爸总是能发现有什么不对劲的地方，然后就会大声辱骂那个男孩——他经常从椅子上站起来，一边敲打吉米的头一边骂他愚蠢而懒惰。吉米可能看到父亲在喝啤酒，但他不太可能理解父亲是一个酒鬼，这是父亲到家后喝的第四瓶啤酒了。吉米并不认为父亲的行为不可理喻，而是认为自己应该受到父亲的指责。所有批评都是为了贬低他，甚至可能会让他面临身体上的攻击。因此，成年后的吉米可能对批评过度恐惧。

如何正确生气

童年的经历会形成思维和认知，它们会一直延续到我们成年，过滤我们的感知，驱动我们的行为，直到它们被发现、被挑战——如果它们伤害我们，我们就释放它们。当然，有些思维和认知直接导致了我们的愤怒。记住，愤怒是一种健康的情绪，是事情出了问题的信号。很多时候，错误的地方在于我们看待一个情境的方式——以及与之有关的思维和认知。虽然有些思维和认知可能与当前事件有关，但大多数都是我们过去的经历以及思维和身体赋予它们的意义。在这一章中，我们将探讨儿童时期可能产生的一些深刻的负面情绪。但首先，我们需要更仔细地觉察，儿童时代的我们是如何认识愤怒和其他情绪的。

## 生气是在家里学会的

　　对我们一生影响最大的是我们的原生家庭。我们对生活的反应模式以及脾气秉性，包括成年以后的样子，都始于孩提时的耳濡目染。生气也不例外。需要明确的是，这并不是要责备和改写过去，而是希望你理解自己行为方式产生的原因。除非你有意识地选择质疑和改变你的回应方式，否则你将继续按照你从小养成的方式不假思索地回应。然而，在你做出改变之前，你必须首先承认有害的行为并接受它。

很少有家庭知道如何建设性地处理愤怒。我们没有把家视为一个社会，也不重视情绪教育。人类并没有与生俱来的使用说明书。尽管有人认为自己生来就会做父母，但是良好的养育技能必须通过学习获得并有意识地加以应用，才能给孩子一个尽可能健康的人生起跑线。

我们的原生家庭决定了我们对愤怒的看法以及两种处理愤怒的主要方式。首先，作为孩子，我们会观察父母和看护者如何表达愤怒。无论你是把怒气发泄到别人身上，还是把它压在心里，你都是从父母和其他人那里学到的。你父亲生气了并大喊大叫吗？扔东西吗？用皮带威胁你吗？你的母亲是不是默默地退缩，茫然无助？还是她也批评你、谴责你、羞辱你、责备你？当你感到愤怒的时候你会怎么做？

当童年时的我们生气时，我们也学着利用父母传递给我们的显性和隐性的信息——这些信息是暗示的，而不是明说的——来处理我们的愤怒。父母经常直截了当地指出，我们的情绪是不好的：

· "别哭了！"
· "别用这种态度对待我！"

我们也会从自己或他人愤怒的不愉快经历中提取信息。令人沮丧的经历会伴随着这样的隐含信息：

如何正确生气

- 生气是不好的，应该避免。
- 没有一种可接受的方式可以用来表达你的愤怒。
- 如果有人生气，就会有其他人受到伤害。

因此，我们试图逃避或否认愤怒就不足为奇了，因为我们内心有很多关于愤怒的负面想法。父母不仅通过自己的行为，还通过向孩子表达这种情绪的反应，来教导孩子有关愤怒的知识。我们小时候学到的关于愤怒的主要信息往往是，生气是一件令人害怕的事情。

也许，在你的家庭中，你的母亲是唯一一个能够接受和容忍愤怒的家庭成员。因此，每当你生气的时候，你都会感到不适和焦虑，你会尽一切努力抑制愤怒。如果你一生气就害怕来自你母亲的影响，你将不得不进行自我保护，隐藏愤怒。许多孩子学会了对不愉快的事情说"是"，以避免在某些方面受到伤害。这种行为实际上是你小时候形成的一种适应能力。随着时间的推移，你学到的关于愤怒的想法发展成一种处理这种感觉的特定风格。假如你现在无法表达你的愤怒，可能是因为父母在你小时候就这么劝阻你。假如你不合时宜地向别人发泄怒火，这可能是你在原生家庭里学到的一种风格。

来自父母的赞成或反对，成为我们判断所有情绪是否健全的标准。当我们还是孩子的时候，如果父母总是在我们感到焦虑或害怕的时候安慰我们，我们就会知道表达这些感觉是可以的。相反，如果父母不关心我们或不赞成我们的情绪表达，我们会怀疑自己的情绪是否合理。

当然，我们的父母是根据他们所知道的——基于他们自己的家庭教的经验和教训——来教导我们关于愤怒和其他情绪的应对方式。如果你是父母，你可能也在做同样的事情。这种处理愤怒的模式就作为家族基因代代流传。

最具讽刺意味的是，在我们刚出生时，愤怒是一件好事。我们天生就知道如何以一种对我们有利的方式生气，以让我们与他人更亲近。我们天生就会感受和表达我们的需求——对婴儿来说，愤怒绝对是一种生存工具。那些早期的哭喊和尖叫是在对我们的照顾者说："赶紧喂我／给我穿衣／给我温暖／让我睡觉／照顾我的需要。"因为人类婴儿在身体上是无助的，我们必须依靠我们最初的愤怒感觉来表达："我需要！"当细心的父母热情地、同情地倾听我们表达的需求时，那是很美妙的事情。当我们沮丧和愤怒的爆发得到了爱的回应时，在这个关键时期形成的依恋关系就会得到强化。

在最初几年里，我们通过发泄愤怒把照顾者带到我们身边。因此，愤怒是我们最早的天赋之一，它通过帮助我们发出保护和爱的信号来确保我们得以生存。那么，为什么我们与愤怒的关系在生命后期会发生如此戏剧性的转变呢？为什么我们中的许多人发现，在一段关系中，愤怒常常会破坏而不是加强关系？我们怎样才能

如何正确生气

让愤怒回到它在我们生活早期的状态——一个帮助我们联系而不是分裂的工具？

当我们还是孩子的时候，我们大多数人发现，随着时间的推移，愤怒成为一种让每个人都感到不安的东西，尤其是对试图训练我们不要生气的父母和老师而言。他们反复告诉我们，我们的愤怒和其他情绪是不可接受的。我们与愤怒的关系开始改变，因为它无法再满足我们的需求，也不再把别人带到我们身边。事实上，愤怒让他们走得更远。随着我们身体逐渐成长，心智更加成熟，照顾我们的人对我们愤怒的反应通常会有所不同，他们更担心自己正在经历的事情，而不是我们可能需要或想要的可能导致我们愤怒的东西。

我母亲就是一个很好的例子。当我还是个孩子的时候，她经常无视我的愤怒，这种模式一直延续到我青少年时期。她每周工作六天，所以我非常期待我制定的她休假那天的计划——购物，出去吃饭，或者有时去动物园。但她经常以疲惫为由取消这些计划。当我表达失望和愤怒时，母亲会很快否定我的感受："我为你做了这么多，你怎么还生我的气？"这些话传达的信息很清楚：你的情绪让我不爽，应该被抑制住。

有些人就像我一样，带着深深的情感创伤和相关的愤怒离开了童年的家。像我一样，许多人为了应付他们的家庭状况而建立了一个虚假的自我。

## 虚假的自我

作为孩子，我们想要取悦父母。我们希望他们认可我们，接受我们。我们需要他们的爱。所以，我们开始压抑我们的感觉——把它们压在我们的内心，直到它们被埋葬。我们开始远离自己的感觉。每当我们认为它们可能无法得到我们渴望的认可时，就会否定它们。于是，我们创造了许多年前著名心理分析学唐纳德·温尼科特博士（Dr. Donald Winnicott）所说的虚假自我。

虚假自我是我们认为父母和其他重要的人会接受和爱的人。创造一个虚假自我是一种聪明的应对技巧，但它的代价是破坏性的。我们越多地切断我们的真实感受，就越无法与它们取得联系，也就越不知道自己对事情的真实感受。我们失去了与我们是谁的重要联系。我们开始迷失自我，尽管我们可能不承认这个事实。这个虚假自我就是我们呈现给世界的那个人。随着时间的推移，它就像我们扮演的一个角色。它可以是好女孩、好男孩、帮助者、取悦他人者、殉道者、完美主义者、艺人、有趣的人，等等。

作者朱迪思·维奥斯特（Judith Viorst）在《必要的损失》（*Necessary Losses*）一书中说得很好："父母无意识地利用和虐待他们的孩子。好好干。让我以你为荣。不要激怒我。我们有个不成文的约定，如果你把我

不喜欢的部分丢了，那我就爱你。没有说出口的选择是，迷失你自己或者失去我。"（Viorst，1998）

我小时候的经历就是这样的。在母亲休假的那天，我与她进行了多次痛苦的沟通，全都无疾而终，之后我开始改变自己的行为。为了引起她的注意，我培养了幽默感。从表面上看，我总是心情很好，和人们一起欢笑，讲笑话——即使我认为这些笑话或我自己并不有趣。我看上去真的很棒，也很有趣，但是你永远看不出我的内心在沸腾。那已经变成了我的虚假自我。

我想告诉你的是，放弃真的很可怕。在心理治疗中，别人可能觉得我在笑，但我一点也不觉得好笑或开心。然而，改变我的行为方式似乎很危险。我想："如果我不搞笑怎么办？没有人会喜欢我或爱我。如果我不是聚会的焦点——或者让其他人觉得我不再是主角，因为他们说的每句话都很幽默——我就会孤独，被拒绝。"我被吓坏了。另一方面，当我看到自己曾经那么不诚实——不仅对别人不诚实，对自己也不诚实——时，我不太喜欢自己。渐渐地，我开始发现一个更真实的自己，并向世界分享。

像我一样，许多孩子学会了如何表现得看上去不生气，但愤怒实际上并没有消失。我们并不诚实，没有说出真相。我们在否认自己或别人生气了的事实。每个人都表现得好像他们并不生气，因为这是社会所能接受的。我们相信自己的行为方式会得到周围其他人的认可。

那么，你可能会问，这有什么不对？听起来很和谐。毕竟，我们需要和睦相处，和平共生。如果事情真的那么简单，我们完全可以到此为止。但如果你环顾你所在的社区，在高速公路上，在电视新闻上——我们的社会、我们的家庭、我们自己的心灵和思想的暴力状态——我们可以看到这个策略根本不起作用。今天，我们的个人挣扎和愤怒比以往任何时候都多。那是因为我们的感觉是我们自身不可分割的一部分。

我们会变得如此习惯于虚假自我，以至于我们相信，如果我们摘下面具，展现我们的真实自我，就会有人反对，那我们就完了。任何偏离我们角色的行为都会成为内疚或羞耻的来源。然而，这种自我并不是真实的我们，我们困在这个角色里的时间越长，就会变得越愤怒。

当我们从小生活在虚假自我中时，这种行为就变得根深蒂固。作为成年人，我们如此害怕自己的感受，以至于我们表现得像孩子一样，因为害怕周围人的反对而隐藏自己的愤怒。我们陷入困境，无法成熟和成长，无法再造我们的过去。最终，因为这些问题从来就没有得到解决，被压抑的感觉总有一天会爆发出来。

一位女性朋友告诉我，她6岁的时候经常哭，因为自从父母离婚后，她就再也没见过父亲。她的继父和母亲都受不了她这一点，老是打击她，让她"别再哭了"。多年后，这个女人接不了受任何批评或反馈。不仅如此，她还经常生气，对别人的情感和需求指手画脚——但令人遗憾的是，她对自己的需求和脆弱更挑剔，认为它们是可耻的缺陷。

## 受害者思维

除了向世界呈现一个虚假自我，我们还可能根据童年的经历形成一个虚假的自我形象，受害者思维就是一个例子。它与我们在第6章讨论过的错误思维相伴而生。它是这样运作的：我们的思维和认知驱动我们自说自话，而自说自话要么赋予我们力量，要么剥夺我们的力量。错误的想法会产生消极的、可能削弱个人力量的自说自话。当你被剥夺权利时，你觉得自己像个受害者——好像你无法控制生活中不快乐的事情。受害者思维将导致你采取并不能满足愿望的行动。相反，积极的想法让你掌控自己的生活，激励你采取积极的行动。

因为被剥夺权利与我们在生活中真正想要的背道而驰，受害者思维会导致愤怒。对许多人来说，愤怒的根源是他们认为，在任何情况下，他们都是受害者。

1. 我的老板提出了不合理要求，但又没有其他合适的工作——我被工作困住了，不得不按老板说的去做，即使我拼了命地做完所有的事情，即使最后发现他的决定是错误的。我找不到别的工作。

2. 我妻子看不起我所做的一切。跟她谈这件事毫无意义，因为她认为她永远是对的，而我也不想和她吵架。她可能会离开我，而我不想一个人过。我被我们之间的关系困住了。

3. 我没有朋友——每个人都认为我又丑又笨，他们也不愿花时间来了解我。事情一直都是这样的。那就是我的生活。

从本质上说，当我们意识不到自己还有选择的余地时，我们就会沦为受害者。但在任何情况下，我们总是会有一些力量，即使只是一些左右我们如何看待它的力量。这是我们可以学到并用以阻止错误思维激发愤怒的最重要的教训之一，也是我们可以教给孩子们的最重要的课程之一。

抱持受害者心态会对你生活的各个方面造成不好的影响。不妨这样想一想：能量跟随思维转动。像受害者一样思考（"只有不好的事情发生在我身上"）会让你的身体产生负能量，而像一个对自己的生活负责的人那样思考（"今天是美好的一天""我期待与朋友共进午餐，一起运作那个项目"）会给你带来积极的能量。当你精力充沛时，人们会很高兴和你在一起。相反，当你态度消极时，人们会觉得（也可能会告诉你）"你在消耗我的精力／你浪费了我的生命力"。他们会和你保持距离，因为受害者是他们周围的累赘。

我们看看如何用新的思维来应对前面提到的那些抱怨。

1. 我的老板提出了不合理的要求，但我可以从这件事中学到一些东西。首先，我可以试着更有效地安排时间，这样我就不会总是为了完成老板交代的所有事情而精疲力竭。如果我把他的要求都列清楚，也许可以找他沟通一下轻重缓急。他需要知道我在尽力满足他的期望。当然，经济不景气，我应该给自己留条后路。你永远不知道自己什么时候会突然获得脱困的机会。

2. 我妻子看不起我所做的一切。我太久没跟她谈过心了。也许我们应该找一个调解人——家庭治疗师、牧师或者公正的朋友——帮助我们解决问题。她一定也不开心——她总是在抱怨——一定有办法让我们相处得更好。

3. 我没有任何朋友。我一直认为自己很平凡、很愚蠢，但也许这不是真的。如果我总是一个人独处，那么，没人会花时间来了解我。我必须找到一项自己喜欢的活动，希望能交到志同道合的朋友。

受害者心态是压抑愤怒的温床。让我们来看看另一种隐藏的童年愤怒在成年人身上的表现方式。

## 被动攻击型人格障碍

当孩子们知道他们的愤怒是不可接受时，他们可能也会发展出一种被动攻击的策略来应对外部世界。由于无法表达自己的愤怒——也许是没有意识到它的存在——他们找到了一些办法来抵抗，同时，他们表面上看起来很好相处。我们大多数人都经历过至少一种情况：有人请求帮助，而我们并不想帮忙，但又不想卷入一场争论或伤害他人的感情。我们虽然答应了，但不知怎么，永远也帮不上忙。

然而，对于那些真正的被动攻击型的人来说，这种行为会发展成一种破坏关系的成熟的生活方式，因为其伴侣永远不知道他们真正的想法和感受。在他们抵抗能力有限的童年时期，有一种应对机制曾经帮助过他们，但是在成年后变成了一种破坏性的负担。我在《你生气，为什么不明说？》（*8 Keys Eliminating Passive-Aggressiveness*）一书中提供了一种针对被动攻击的检验方法。

## 消极状态

被动攻击型的人看起来很被动，而有些人则是无法真实地表露自己的情感。被遗弃或忽视的孩子可能把他

　　　　　　　　　如何正确生气

们的愤怒和恐惧深深地隐藏在心底，发誓要让自己永远不会再被抛弃。不幸的是，这样做的结果是，孩子们可能在不知不觉中耽误了一生，甚至在非常可能获得帮助的时候选择自暴自弃。

## 克里斯蒂娜

母亲去世时，克里斯蒂娜只有9岁。由于她们的关系非常亲密，克里斯蒂娜非常痛苦。在克里斯蒂娜的家里，表达悲伤被视为软弱的表现，每当父亲看到她哭就会责备她。就像其他失去了亲人后伤心痛苦的人一样，她有时也会对失去她的母亲感到愤怒。她在学校也会失控，并因此被骂到哑口无言。克里斯蒂娜的回应是逃避类似情感。她发誓，她永远不会像爱她母亲那样深爱别人。

克里斯蒂娜长成了一个非常有魅力的女人，吸引了许多男人的目光。然而，她从不向任何人敞开心扉，因为她害怕再次遭受失去亲人的痛苦。相反，她有一系列短暂的恋情。有时，她会选择已婚的或只是玩玩而已的人当恋人。如果她不小心爱上了一个真正关心她的人，她就会找借口结束这段关系。

上了年纪后，她感到非常孤独，于是来接受治疗，寻求她无法与人发展亲密关系的真相。她没有意识到，问题的根源竟然是 65 年前那个痛苦的经历。她从未想过小时候做出的选择会对自己今后的人生产生长久影响。她的一生都没有逃过这个早期事件的影响。

当我们感觉不到自己的情感时，我们就会压抑自己，有可能是好几年，甚至一辈子，像克里斯蒂娜那样。我们深受其害，然而可悲的是，我们无能为力。需要明确的一点是，消极状态不是纠结、懒惰或拖延，尽管它可能戴着这些面具。用一个句子描述，消极是"明知道自己需要做什么，但就是没有动力去做"。

在被动的伪装下，有些人一生都把愤怒隐藏起来，不允许它向外流露半分。消极状态是一种极度的自我放弃，主要源自自我怀疑，这种自我怀疑会阻止我们表达自己想要的东西。自我怀疑通常是因为我们过去有需求未被满足，因而怀疑自己的需求是否合理。例如，克里斯蒂娜在母亲去世后向父亲寻求抚慰时，并没有得到父亲的积极回应，所以她认为自己的情绪是错误的。

你之所以会消极地否定自己，是因为这和你从小接收到的信息是一致的。如果你孩童时想通过哭喊来吸引人的注意，却不被父母理会或遭到拒绝，你就会明白，你向世界提出的需求并不重要，于是你停止表达自己的需求，将受伤的感觉埋藏在心里，进而存储在大脑的潜意识中，切断了自己与情感的连接。你记住的都是这些不好的感觉和经历，不再关注当前生活中的问题和机会。

一些消极的人可能会神情沮丧，耷拉着肩膀，仿佛承受着整个世界的重量。他们可能语速缓慢，结结巴巴，或者应付式地回应"很酷""好吧""无所谓"。这不禁让人想起《小熊维尼》（Winnie-the-Pooh）中的屹耳。小熊维尼带着它标志性的"哦，好吧"忍受着一次次失望。还有一些消极的人可能是控制狂，身体紧绷，他们超级忙碌，语速很快，似乎可以通过贬低别人来抬高自己。

也有一些消极的人奢望外部世界主动改变以满足他们的需要，而不是自己按照内心的真实想法去获得想要的东西。他们不是积极寻找新工作，而是等着老板提拔他们。由于消极被动，他们失去了所有的力量，把对自己情绪的控制权交给了别人。由于在没有内在情感指南针的情况下陷入困境，他们依靠他人或外界因素来指引方向，不知道该去哪里，也不知道该如何到达那里。

由于没有自己的情感和价值，消极被动的人可能觉得有必要控制别人怎么看待他们，从而引发危险的取悦他人的习惯，即使这样做将牺牲自己的幸福。他们可能会修复朋友和家人的缺陷或问题，却避免面对自己的缺陷或问题。这种自我造成的无力感会导致深度抑郁，还会影响记忆、抑制创造力，导致不健康的睡眠模式，甚至是酗酒和其他成瘾行为。

## 可以选择不隐藏自己的情绪

从本质上讲，所有这些情感方式都可以归结为同一件事：当我们埋葬自己的情绪时，我们也就埋葬了真正的自己。我们成为真实自我的肤浅代表，一个没有人能真正联系到的自我。我们失去了心灵的一个维度，失去了给予和接受爱的能力。当我们虚伪的时候，我们就不可能幸福。这就是我们脱离自己真实感受的最终结果。相信我，当你抛弃虚假自我时，你绝对会感觉到不一样的生活，那些想要和你建立联系的人也会感觉到这一点。受害者思维、被动攻击和消极状态也是如此。当你能够连接自己的情绪并坦诚地表达出来时，你会拥有更多的精力，因为不诚实的行为会耗尽我们对生活的热情，不管我们是否意识到这一点。无论作为个人还是家庭，我们只需要说出真相，处理真实的感受，我们就会过得更幸福。逃避生气并不能避免痛苦，而只会延长痛苦。

下一章将带你一步一步地在愤怒的背景下处理你的情绪。你会洞察到愤怒所揭示的生活，并掌握用以释放和治愈它的工具。

释放愤怒的
五个步骤

长期压抑的愤怒可能隐藏得很深，以至于你意识不到它在日常生活中的存在。由于担心愤怒周期性地发作，你在检视了目前的环境和愤怒所引起的感觉之后，可能仍然会感受到潜在的愤怒。这些恐惧、伤害和情绪发端于你的童年时期。你能够触及并释放这些情绪，开始更充实的生活——但你得付出额外的努力。这里介绍一种很多人已经实践证明行之有效的策略。

　　正如我们所见的，我们的思维、感觉以及尚未充分经历的往事和创伤记忆，如果没有被处理干净，就会导致身体内部的能量淤堵。这种被阻塞的能量表现为紧张、僵硬或痛苦。愤怒通常会沉积在上背部、肩部和颈部，悲伤沉积在上胸部和喉部，恐惧沉积在肠胃里。只有将深藏在潜意识和细胞层面的负面情感释放出来，我们才能彻底放下对创伤和往事的记忆。

　　　　　　　　　　　　　　如何正确生气

## 第一步：让你的愤怒渗透

要清理陈旧的愤怒，第一步是唤醒它——让它在你体内沸腾和翻滚，就像用老式咖啡机过滤咖啡一样。在星巴克咖啡流行的时代，我们已经忘记祖父母通常是怎么煮咖啡的了。他们用一把特制的壶或者一个过滤器装满水，再用一根管子插入装咖啡渣的篮子。当水沸腾时，它会从管子里冒出来，漫过咖啡渣，过滤回壶里。这样持续数分钟，直到把咖啡煮好。你也可以运用意识将愤怒"过滤"出来，让往日的记忆和感觉逐一浮现。

呼吸练习——作为正念修习的关键工具之一，能帮助我们实现这一点——它就是我们的情绪过滤器里的沸水。呼吸练习可以唤醒细胞，激活身体的自愈能力，以完成和整合受到压抑的经验，释放阻塞或淤滞的能量。这些感觉（咖啡渣）如果滞留在我们身体里，就会引发一系列的身体机能失调。缓慢、深沉的呼吸对健康很有好处。它既能刺激免疫系统，又能放松神经系统。深呼吸有助于肺部和血管更好地工作。深呼吸的其他好处包括：降低血压，减少焦虑和轻度抑郁，减少哮喘症状。某些形式的呼吸练习有助于减轻疼痛，增加能量，减少潮热。

通过把注意力集中在呼吸上，正念让你关注当下、关注你的身体，让你放松，帮助你倾听那些能够告诉你究竟在发生什么的感觉、情绪和其他内在活动。正念呼吸是你与内在世界连接的最好方法之一，可以让你听到关于你的真实经历的信息——它会告诉你，为获得更快乐、更健康的精神状态，你需要处理的感觉和需要整合学习的新知识。

下面两组正念呼吸练习是为两种主要的愤怒类型定制的。

### 愤怒抑制者

如果你是一个抑制型的人，探索你的愤怒和其他情绪可能有点像在一条雾蒙蒙的路上开车。你知道前面有路，但你不确定它通往哪个方向。正念练习对于愤怒抑制者来说是一个强大的工具，有助于他克服模糊不清的情绪并找到清晰的方向。这个正念呼吸练习将帮助你接触和体验身体里的愤怒和其他感觉。你会知道，自己身上到底发生了什么、你想要的是什么。当你开始使用这个方法时，你会意识到你的感觉看起来可能不是很强烈。然而，随着时间的推移，你会发展出更多技能，变得更加舒服和自信。你甚至可以探索情绪麻木的感觉。如果你探索麻木的感觉，情绪最终会浮出表面。

如何正确生气

你将会选择一个触发你的愤怒的时间点，或者一个可能因潜在愤怒而高度情绪化的情境。为下面的练习选择一种情境，你可以考虑"提示你在隐藏愤怒的线索"中提到的练习（见第 5 章）。三个极为常见的指标分别是幻想未来的分歧，感觉紧绷或紧张，对另一方吹毛求疵。其他可能引起愤怒的线索包括哭泣、头痛、肠胃痉挛、颤抖和呼吸急促。

注意：你可能想记录以下练习的一个版本，采用自己的声音或别人的声音。在检查自己的感觉的过程中，你可以周期性地中止录音，然后在你需要进一步提示的时候再继续。

## 练习：适用于愤怒抑制者的正念冥想练习

1. 让你的一切行为都慢下来。做几次深呼吸，回想一下你生气的时候或者你怀疑与愤怒有关的一个强烈情绪反应。在这个正念练习中，你将与这些感觉打交道。

2. 选择一个不会被打扰的时间和空间。找一把舒服的椅子，闭上眼睛静静地坐一会儿。（在整个练习过程中，你的眼睛都要闭着。）做几次深呼吸来放慢你的速度，然后开始放松身体各部位，从脸开始，依次慢慢向下，肩膀和胸部、胳臂和手、躯干和臀部、腿和脚。全身放松。

3.把注意力转移到呼吸上。当你吸气时，感觉你的鼻孔在变大，你的胸部在扩张。先收紧，然后放松腹部。屏住呼吸，数到三：一……二……三。然后呼气，真正把所有空气都呼出来。继续以这种方式专注于呼吸。吸气，屏住呼吸数到三，然后再呼气。继续把注意力集中在呼吸上。

4.如果你发现自己的注意力在呼吸时"走神"了，就说"走神"这个词。这将帮助你意识到自己的思维在游离，这样你可以再次把注意力集中到呼吸上。这会让你的意识留在身体里面，你需要这样做。

5.现在回想一下你选择的愤怒事件或其他强烈的情绪事件。确保它是一次这样的经历——你真正生气的时间点或人际互动。把你能回忆起的尽可能多的细节带到意识中，比如谁在现场、他们穿了什么、你穿了什么、都说了什么，等等。在脑海中想象一下，慢慢来。你可能需要冷静、耐心地等待这些感觉浮现。

6.扫描你的身体，保持深呼吸。寻找你身体中最强烈的知觉或感觉。当你找到某个东西时，大声说出它的名字。它可能是你的胸部、腹部或肩膀，也可以是你身体的其他任何部位。探索那个区域的感觉，看看其中有什么情感体验。你的身体是否感到刺痛、紧张、僵直或有压力？你觉得热还是冷？

7.现在，安静地坐下来，跟随这些知觉，看看它们是否会导致任何感觉。你是否感到沮丧、悲伤、疯狂、狂怒？保持住这些感觉，只要它们还在持续。然后转移到下一个最强烈的感觉，以此类推。不要拒绝任何突现的感觉。不要评判它们。任由它们升起、被感知，然后像天空中的云一样消散。看看你的身体是否需要活动；如果需要，就动一动吧。

8.如果没有感觉可以探索，或者你已经做了至少15分钟的呼吸练习，那就重新专注呼吸3~5分钟。你要小心地、慢慢地、轻轻地走出这种更深层的意识状态。做几次深呼吸，然后动动脚趾和手指。当你准备好以后，就可以睁开眼睛了。在开始新的一天之前，给自己一段安静的时间来重新整理。如果你愿意，你可以直接进入第二步描述的生气日记练习。

正念呼吸帮助愤怒抑制者更多地接触到与愤怒相关的知觉和感觉。因为他们倾向于否认或拒绝愤怒，所以通常对愤怒的感觉非常陌生。

## 愤怒发泄者

正念呼吸法对愤怒发泄者的作用略有不同——它帮助他们包容和调节自己的愤怒，而不是立即发泄情绪。如果这是你的愤怒类型，掌握这个技巧将使你在应对沮丧方面前进一大步。

注意，在正念的帮助下，愤怒发泄者通常会发现，他们的愤怒掩盖了他们一直逃避的其他不舒服感觉，比如羞愧、悲伤、哀恸和无力感。在无意识的情况下，愤怒发泄者可能主要通过把愤怒封锁在心里来抵御其他难受的情绪。这些相应的黑暗情绪可能与现在或过去的伤害事件有关。这些事件留下了至今仍难以治愈的内在伤害。假如你有过这样的创伤，读完这一章会对你有所帮助。然而，你可能仍然需要额外的治疗来充分解决这些问题。

下面的呼吸练习可以帮助你获得更加清晰的情绪，发展出你对如何回应愤怒的更多控制力，并防止你轻易对别人发火。做这个练习时，看看你是否注意到自己身体的某个特定区域潜藏着这些感觉。

如何正确生气

# 练习：适用于愤怒发泄者的
# 正念冥想练习

1. 扫描一下你最近的记忆，挑出一个你把愤怒情绪发泄到别人身上的片段。触发事件是什么？你的反应是什么？

2. 一旦你选择了一种情境，找一个至少15分钟内你不会被打扰的时间和空间。选择一把舒适的椅子，闭上眼睛，安静地坐一会儿，放松下来。

3. 深呼吸，让自己安静下来。想象一下雪花落地，吸气数到三：一……二……三。然后呼气，数到三：一……二……三。平静地把自己带入当下，不做任何评判。如果你走神了，就简单地说"走神"这个词，然后回到当下。现在不是解决问题的时候。再吸一口气，数到三，然后呼气，数到三。

4. 感觉空气在你的鼻孔里进出。注意你的胸部和腹部在呼吸时有节奏地起伏。当你专注于呼吸时，你的身体越来越放松，你感觉自己慢下来了。当你以一种放松的方式呼吸时，保持越来越慢的速度。现在没有必要着急。慢慢地吸气、呼气一到两分钟，将自己完全带入当下。

5. 现在，扫描你身体的感知和感觉，注意你身体里所有的动静。然后回忆触发事件以及你的反应。保持缓慢呼吸。把自己想象成你所经历事件的目击者。在这种情况下，作为一个目击者意味着你要注意和观察以及重新体验你当时的感受。当你回忆这些时刻时，试着进入最初事件发生时你身体里的感知或感觉。看看你是否能回忆起情绪被操控的迹象。那时你有什么感知或感觉？尝试进入那段经历并保持呼吸顺畅。如果你无法感受到之前的感觉，检查一下你的身体是否紧张或需要活动一下。回顾一下，当你记起这件事的时候有什么东西浮现出来了。你需要知道的是，你不该被那些经历所控制，你只是不加判断地观察它。

6.要知道，感觉自然包含有开端、中段和结尾。如果你以健康的方式体验愤怒的感觉，它们就不会永远持续下去。要意识到，除非你学会让自己以一种健康的方式体验这种感觉，否则你就不会拥有情绪自由。你将继续被动反应而非主动响应，你将被感觉所控制。你孩提时代的自我将会代替你的成人自我主导你的行为。因为愤怒情绪没有得到恰当处理，情绪发泄者倾向于因往日的愤怒而反复发作。（发泄愤怒并不能有效解决问题，即使你欺骗自己说那样做可以。）

如何正确生气

7.即使感知和感觉可能让你不舒服，你也只管带着它们停下来，开始做呼吸练习。让自己体验那些感觉，保持缓慢呼吸。你完全不必理会那些感觉，只注意呼吸。只要你还能控制，就尽可能和这些感觉保持联系。(随着时间的推移，在呼吸冥想中，你与感知和感觉保持联系的时间会越来越长，直到你能够充分体验它们，直至得出一个结论。然后你开始放松，让这些感觉慢慢消散。)

8.现在，只关注你那天爆发的愤怒。在此刻，你能看到可以选择的其他可能的反应吗？保持呼吸顺畅，花几分钟思考最佳的回应方式。想象你自己正在以这种最佳方式回应愤怒情绪。看看是否有新的感觉伴随着最佳回应行为而产生。再带着这些新感觉静坐一分钟。

9.现在是理清思绪的时候了，再次专注于呼吸。注意空气通过鼻孔慢慢进出的感觉。安静地坐下来，放松地呼吸一两分钟，作为这个练习的结尾，然后和缓地让自己清醒过来。

通过呼吸练习，你能在更长的时间内关注愤怒的感觉吗？如果是这样，那就太好了。如果不是，也不要放弃，只要反复尝试练习，随着时间的推移，你会获得更多技能。通过持续进行这种正念练习，你能够越来越多地掌控你对愤怒的反应，并开始与你的内在世界连接，而不再发泄这些愤怒的感觉。这样做，你也会发现从来没有意识到的其他感觉，能够进一步理解自己的真实体验，并能够释放体内被阻挡的愤怒能量。新的能量会推动你追求你想要的生活，设定界限，捍卫自己。

## 第二步：通过写作清理你的感觉

手、脚和声音都是释放身体情绪能量的关键通道。因此，连接心智和双手的书写可以促进强有力的情绪释放。尤其是当你使用钢笔或铅笔和纸张而不是电脑键盘时，写作可以有效地使隐藏的情绪浮现并排出身体，从而减少或防止可能弥漫于你整个生活的有害情绪积聚。

作为一种正念训练的工具，写作可以让你放慢速度，与内在世界连接，增强自省能力。写下你的情绪——不去评判它们——是意识到你内心正在发生什么的最快方法之一。就像呼吸练习一样，写作会帮助你了解到感觉也有开端、中段和结尾。它们不会永远存在。

我把这个练习叫作"无评判的日记"，因为写下我们真实的想法和感受，而不被自己的判断或对别人如何看待我们的恐惧所阻碍，是情绪自由的关键。担心别人怎么想的时候，我们变得不那么诚实。然而，只有用心地探索我们的经验并准确地表达出来，我们才能将由于情绪淤堵而处于停滞状态的能量释放出来。

因此，在这个练习中，你要让自己遵守严格的诚实标准。同样重要的是，保持日记的私密性，不能让别人知道，只在必要时跟你信任的人分享。最后，不要担心拼写、语法或标点符号。日记只是为自己准备的，正确的语言并不是练习的必要部分。现在，你已经获得了基本的指导方针，那就让我们开始练习吧。

## 练习：对思想和感情不做评判的日记

1. 找一个安静的地方，这样，你在写作的时候会感到身体舒适、情绪安定，不会被别人审视或打扰。

2. 先做几次深呼吸。继续慢慢地深呼吸。当你准备好了，把注意力集中在自身。你一边呼吸，一边默默地陈述你想成为自己人生历程中的一位好友或管家的意图。允许自己自由地说任何想说的话，而不对自己妄加判断或批评，其目标是全面探索你的经历，包括你对它的真实想法和感受。

3. 现在，回想一件令人愤怒的事情，回忆事件发生之时和之后的各种细节。尽可能地彻底，让你内心的一切以意识流的形式发泄到纸上。以下是一些可能对你有帮助的问题：

- 发生了什么？涉及谁？
- 这段经历的哪一部分最让你难过？例如，有没有你想要或需要却得不到的东西（未满足的需求）？或者发生了一些你不希望发生的事情（跨越了边界）？
- 你对该情境的想法和感受是什么？对另一个人呢？对你自己呢？这是百分之百诚实的时候，不管它听起来有多恶毒、心胸狭窄、不成熟、武断、不高尚或其他什么。不要有任何保留。
- 还有什么你需要写出来，以全面了解当时发生了什么。

这种形式的"情绪排毒"能够产生奇迹。它可以清除淤积的、有毒的、可能导致自我设限和破坏行为循环往复的那种能量。这是一种体验和释放强烈情绪（比如愤怒、悲伤、悲伤和嫉妒等）的安全、有效的方式。研究证实，通过写作宣泄愤怒的男人和女人都显得更加健康。

如何正确生气

# 练习：写一封信——但不要邮寄

如果写日记不能让你感觉完全摆脱消极情绪，你可能需要向让你痛苦或愤怒的人直接表达你的感觉。最好的办法是给对方写一封信，但不要真的寄出去。写这封信的时候，你知道自己不会寄出去，所以可以随心所欲、毫无保留地表达真实感觉。你要践行严格的诚实，把所有评判拒之门外。

你可以写信给父母、配偶、朋友、前伴侣等等。当你写这封信的时候，要表现出你感受到的愤怒，并沉浸其中。看看你只是和愤怒相处而不做出反应是什么感觉。如果一封信还嫌不够，你就给这个人多写几封，直到你的愤怒情绪消失。记住，这封信是帮助你自己的，是不用邮寄的。写作时尽量不要编辑你的想法。有时，使用你的非惯用手来书写，可以帮助你绕过左脑审查，触及更深层的感觉。

## 第三步：把你的故事讲给别人听

第三种方法是在正念观照下探索和表达你在一件令人沮丧的事情中所产生的愤怒和其他感觉，把你的故事告诉另一个人，让你真实的声音被倾听。获得他人认可是人类的基本需求，所以，讲述你的故事可以帮助你向治愈转变。想象一下，你正经历痛苦，但是找不到倾诉对象。这不是让你的负担更重了吗？现在，把它与一种感觉自己正被充分倾听的体验进行对比。（希望你能找到这种积极的、治愈的经历。）被倾听让我们意识到，我们并不孤单，别人也有和我们一样的感受，有人关心我们的感受。因此，除了清理深藏的愤怒情绪，交谈还有助于我们与世界连接，从而减轻我们的痛苦。

这就是为什么研讨会和其他小组疗法能够有效地帮助人们取得突破的主要原因之一。例如，在我每年举办几次的周末愤怒研讨会上，我看到人们释放大量的愤怒和童年的羞愧。因为这是一个尊重和关心的氛围，小组中的每个人都感到足够安全，分享他们最痛苦或可耻的故事。因为知道他们可能再也不会见到其他参与者了，所以他们的克制通常很低，而且分享这类难堪内容时的开放度几乎具有传染性。在这些群体中，你会经常听到有关身体或性虐待、父母疏远或遗弃以及许多其他形式的严重童年创伤的故事。

听到别人也有类似的羞于启齿的经历，你会意识到你并不孤单，从而把自我判断转变为自我接受。你知道你毕竟不是那么坏——你只是一个普通人。这可以带来重大的情绪释放和新的理解，让每个讲述者感觉自己可以更开放、更自由地在人生道路上前进，不再为内心的秘密和受压抑的情绪所拖累。

与治疗师交谈——单独或集体交谈——是你讲述故事的最安全方式，而一个好朋友可能也会帮助到你。找一个朋友来帮助你——当你分享你最痛苦的故事时，这个人只是不加评判地倾听，也不试图解决你的问题或以任何方式纠正你。让他们明白这不是一场普通的对话，这一点很重要。我们的目标是让被困住的情绪流动起来，这样你就可以慢慢释放它们。

## 练习：讲述你的故事

1.向帮助你的朋友解释这些规则。因为不需要解释或辩护就讲述你的故事会产生最好的结果，你会希望在不被其他人打断的情况下说出发生在你身上的事情。倾听者的工作仅仅是倾听并根据下面的指示对你做出回应。如果在你的生活中没有人满足这个要求，那就找一位治疗师、顾问或神职人员来扮演这个支持者的角色。一旦你的听众在场并且熟悉指令，你就可以开始了。

2.选择一段痛苦的经历来分享，将你的故事告诉你的听众，包括以下内容：

- 事情发生的关键细节，包括谁在那里、在哪里发生、你们当时的心境以及你们每个人都说了什么。用你所有的感官尽可能详细地回忆。
- 你当时对它的所有感觉以及你现在对它的任何其他感觉。
- 你的哪些界限被打破了、哪些需求没有得到满足。
- 你觉得自己做了什么导致痛苦的事件或后果？
- 为何你当时觉得，你所做的导致问题出现的那些选择，似乎对你有利？

3. 当你分享完你的痛苦经历后，你的听众会轻轻地对你说：

- 谢谢你和我分享你的经历。
- 得知你承受了那样的痛苦，我很难过。
- 无论如何，我爱你并接受你。

　　你也可以自己做一个版本的练习。找一个安静的时间和地点，开始做几次深呼吸，帮助你放慢节奏，进入沉思的状态。当你准备好了，想象自己坐在美丽的自然环境中，对面是一位睿智而温柔的听众。这个人可以是任何人，活着的或已经去世的——你可以很舒服地把你的故事告诉你最喜欢的祖父母、一个久别的朋友、一个

　　　　　　　　　　　　如何正确生气

灵性的存在，或者是一位你崇拜的、和他在一起你会感到安全的历史人物。想象倾听者是完全专注和富有同情心的，然后按照上面的脚本来做。

这一实践证明了心理治疗是一种有效的治疗手段。许多人从不谈论他们的痛苦经历，相反，他们把童年羞辱作为一个丑陋的秘密深深隐藏了很久甚至一生。羞耻感是愤怒的主要来源，因为当有人批评他们或给予他们哪怕是最温和的反馈时，那些怀有羞耻感的人往往会做出防御性的反应。他们这样做是为了把注意力从那些痛苦的、被埋藏的感情上转移开。因此，羞耻的特征是隐藏和保密，而愤怒有时被用来掩盖羞耻。

当我们找到一位有爱心的人来分享我们的可耻和痛苦的故事时，一个受过训练的人可以不加评判地倾听我们，而不是试图纠正我们，我们就能够充分表达自己的经历，并最终释放那些陈旧的、储存的、有毒的感觉。没有了这些感觉，我们倾向于改变自己对最初事件的看法，并因此改变我们对自己形成的认知。这种变化往往是深刻的，你会感觉自己仿佛卸下了重负。


## 第四步：找到你的新真理

为了更好地理解这一点，我们需要再看看，当创伤或依恋伤害发生时，我们作为孩子应该怎么做。当孩子们经历创伤或依恋伤害以及相关的受伤感觉时，他们会给自己讲一个故事，让自己可以理解并应对。这既是一种帮助，也是一种障碍，因为故事总是基于恐惧并具有局限性。例如，一个被遗弃太久的孩子可能会有被遗弃的感觉。这种认知可能会形成：人们总是会离开你，所以对谁也不要太依恋。尽管在当时，你可能感觉这个认知——我称之为古老的真理——像是一种保护，但它将限制你以后人生中恋爱关系的体验。因为受伤而形成的认知总是限制和阻碍我们得到生活中真正想要的东西。

如果父母意识到他们的延迟反应已经造成了孩子的情感伤害，他们可以迅速着手修复伤口。他们可能会道歉，向孩子保证他们的爱，并留出一些时间给予爱的关注。注意到他们是如何伤害孩子的，他们可能下决心避免这种行为或语言。不幸的是，那些不敏感或没有情感意识的忙碌父母，往往忽视或根本没有看到我们的童年创伤。而我们，作为孩子，形成了限制性认知，试图避免痛苦。我们继续生活，背负着这些古老的真理，仍然需要与伤害我们的人进行疗伤交流。这就是心理学家帕特·奥格登博士（Dr.Pat Ogden）在她的课堂上所说的"缺失的经历"。通过帮助我们跟自己的思想和感受重新连接，正念成了一种可以超越有局限的认知、揭开最初伤疤并清洗和治愈的方法。

第四步是要纠正这些错误。其目的是为你自己找到一个新的真理，一个可以抵消和取代你小时候形成的限制性认知——旧的真理的信息。这个新的真理其实是你当年应该听到的信息。现在听到这个消息，即使是多年以后，也会是一种极其有效的情绪释放体验。电影《心灵捕手》生动地诠释了发现新真理的治愈力量。

## 威 尔

威尔（马特·达蒙饰演）是一位才华横溢、充满魅力的年轻人。他不幸的童年给他留下了犯罪记录。他在波士顿过着处于工薪阶层边缘的孤独生活。当他的数学天才被发现时，心理学家肖恩·马奎尔（罗宾·威廉姆斯饰演）被指派来帮助他解决阻碍其成功的问题。

除了肖恩，威尔的支持团队中还包括了数学教授、一个新的女友，以及最令人惊讶的，威尔的朋友圈里一个只想看到威尔离开的男人。然而，威尔似乎无法摆脱他的过去。

在电影的高潮中，肖恩拿着威尔的案件档案与他对质，里面满是他在遭受虐待后的年轻身体的照片。肖恩分享了过去类似的故事。许多遭受身体虐待或性虐待的儿童责备自己。由于不理解虐待发生的原因，他们得出结论：自己一定要为此负责。他们认为自己做错了什么而导致被虐待，或者责怪自己没有反抗或阻止它。理解了这种想法后，肖恩用那句神奇的话总结道："这不是你的错。"威尔一次又一次地后退，而肖恩仍然坚持说："这不是你的错。这不是你的错。"最终，这一信息传达给了威尔，改变了他看待过去经历以及自身的方式。他哭倒在肖恩的怀里。这几个简单的字，就足以让他不再认为自己是罪魁祸首。

他不再受旧信仰的限制，获得了宝贵的能量去探索自己的天赋。在电影的最后，他去了西部寻找自己的女朋友。

通常，一个敏感而有意识的治疗师，可以帮助病人从旧的认知转变为新的真理——这需要几个步骤。如果你一直在阅读这本书并有改变自己的意愿，你就坚持到底，运用一些工具，以自己的方式经历这样的过程：及时穿越到自己受伤发生的时刻，提供给自己当年你父母未能提供的信息。这意味着你要认清童年的伤痛，找回那些能治愈你并帮助你发现新真理的经历。

在没有治疗师的情况下，你要完成所有这些可能会更困难，但还是可以做到的。我鼓励你在这个练习中放松下来——如果不能马上实现也不要担心。当你对识别和感知你的感觉、情绪和认知的基本步骤运用得更加熟练时，你总是可以回头再来练习的。

如何正确生气

# 练习：第一部分 发现隐藏的伤口

1.选择一个安静的时间和地点，保证至少15分钟内不会被其他人打扰。舒适地坐着，做几次深呼吸，让自己慢下来，然后开始。

2.想想你处于极度愤怒的时候。用你所有的感官想象细节。在你的脑海中再次体验它们。

3.当你回忆这些事件时，扫描你的身体，寻找感觉，并详细探索它们。例如，如果你有刺痛感，那么是哪里有刺痛感？在你身体的哪个部位？它有多么强烈？

4.保持这种感觉。有什么其他的内部活动似乎与之相关——有情绪、图像或记忆吗？也许你的喉咙有一种紧绷或疼痛的感觉，你认为这是悲伤，你觉得你要哭了。也许你会因为生气而想踢东西或发脾气。

5.专注于这些新的情绪、图像或记忆。有与之相关的词语吗？

例如，你可能会得到这样的认知：

a.我必须完美才能获得爱。

b.我永远都不够好。

c.每个人都会离开我，尤其是在我表现不佳的时候。

d. 关系是有害的，应该避免。

e. 你必须有事业，然后才有价值。

6. 一旦你对事件的意义或形成的认知有了清晰的认识，就把它写下来。同样，这可能是你对自己或生活的一种陈述，是别人眼中你曾经的样子。

7. 祝贺自己做了勇敢而重要的工作。既然你写下了你所理解的创伤事件的意义或认知，现在就可以做几次深呼吸。

潜意识的认知就像一个看不见的、隐藏的剧本，让我们不知不觉地将自己的生活付诸行动。因为这种认知一直在限制着你，所以，现在是时候收回你的权力了，重写剧本，让对话更有支持性，而情节的曲折和转折对你有利。

为了找到你的新真理，我将要求你进行一次想象的飞跃，让你与自己进行对话。如果你用理性的、以科学为导向的大脑来思考这个问题，这可能看起来很愚蠢；毕竟，你是一个人——一个完整的整体——而不是零散的碎片。然而，当我们面对不同的经历时，我们都有不同的策略，比如感知到的威胁。我们通过他们反应的突出特征来识别这些策略或"部分"——例如，作为受伤的孩子，作为智慧的自我，作为忠诚的自我，等等。

　　　　　　　　　　　如何正确生气

识别这些不同的部分并将它们引入对话的好处在于，我们可以谨慎地探索我们对生活的反应，看看它们是否适合当前的情况，或以某种方式植根于过去。我将要求你在进行下面的练习时使用这个想法——你可能会对结果的情感力量感到惊讶。

## 练习：第二部分 发现你的新真理

1.把你自己想象成一个孩子，大概是你第一次认识到自己的局限观念时的年龄。花点时间看看此时此地的自己：你看起来怎么样？你穿着什么？你的肢体语言在说什么？然后把孩子放在一个安静、安全、舒适的环境中，也许是你童年记忆或想象中的环境，也许这是一个花园、一个卧室或者一个海滨。你一旦有了自己的设定，就让你的感官去探索周围的环境。

2.在这个场景的某个地方，你会发现另一个人静静地坐着。你知道这是一个更老的版本的你，一个非常睿智的自我。在你的想象中，让孩子加入睿智的自我，让他们两人坐在一起。他们的肩膀接触吗？他们牵手了吗？在一起的感觉如何？

3. 听睿智的自我对孩子说话。睿智的自我知道孩子经历了创伤。听这个睿智的自我进行解释：孩子对发生的事情的解释是不正确的，孩子对自我或生活的看法也是不真实的。睿智的自我会说："真相是＿＿＿＿＿＿。"现在，来听一下这个短语的补充词。他们说什么？让这些话语在你的脑海里响起，然后在你的心里响起。当你准备好了，就把单词记下来。

它们可能是这样的：

· 我可以放松。

· 我不需要完成任何事情。

· 我是特别的。

· 我值得拥有幸福。

· 我的需求应该得到满足。

4. 现在，你得到了新的真理，感谢孩子和那个睿智的自我，因为他们愿意参与。他们都很好地发挥了自己的作用，并以一种深刻的方式帮助阐明了问题。

5. 再静坐几分钟，消化和整合已经发生的事情。当你准备好了，继续你的一天，或者直接开始下一个练习。

这种类型的冥想在没有专业治疗师的情况下是很具

有挑战性的。然而，实现这一目标仍然很重要。如果这对你不起作用，那就尝试另一种方法。其中一个想法是，写一段对话，让受伤的自我和知道自己真实身份的自我进行对话——后者可以提供治愈的经历。你应该记得，用你的非惯用手可以让你获得更深的感觉。在这个练习中，用惯用手作为受伤的自我，用非惯用手作为睿智的自我来书写对话。

你也可以重写触发事件发生的脚本。与其让事情顺其自然地发展，不如写一个崭新的、更积极的结局。去找一个人——可以是那个制造隔阂的人，但不一定非得是那个人——让他告诉你，你对情况形成的认知是不准确的，事实是_____。在填充空白的时候，允许你自己沉浸其中。

无论以任何形式进行这个练习，你都可以知道你选择的词是正确的，因为你会感觉到明显的变化或释放。你的情绪会减轻，你的能量会增加。你不再像以前那样消极地看待世界。

## 练习：第三部分 探索你的新真理

　　1.让自己进入一个冥想的状态，带着你新发现的信息坐下来。在听到睿智的自我的声音后，你的内在有所改变吗？你感觉到你身体里有什么感觉？情绪怎么样？如果有新的感觉，它们似乎在说什么？你注意到你的身体、精神或情绪状态有什么不同吗？

2.保持这种新的生活方式，花时间去探索它的感觉，然后想想在这种新的变化下，你会如何在这个世界上生活。你的身体姿势和动作看起来怎样？你如何以不同的方式与他人互动？你会如何以不同的方式面对你的问题或生活中的挑战？

仅仅做一次这样的练习，就期望完全摆脱早年因受伤而产生的限制性认知是不现实的。但每次我们以这种方式处理痛苦和愤怒时，我们都会变得更加自由。

随着时间的推移，您可能已经准备好进行下一步了。拿一张白纸，在中间画一条线。左上方写着"旧真理"，右上方写着"新真理"。列出一张清单，对比你能想到的生活中受这种新转变影响的方方面面。填写每一列，显示新旧之间的差异。一定要考虑到生活的方方面面，比如工作、人际关系、自尊、育儿、个人成长和目标。例如，如果你的缺失经验是，你不必完美，你已经足够好了，那么这可能会在你的人际关系中以各种方式表现出来。例如，你可能不需要总是正确的或者知道所有的答案。

如何正确生气

这里的关键是保持正念，善待你的内心世界，最终你的内心世界会出现并让你了解它。

请允许我给你们举一个我自己生活中的例子。

## 安德里娅

当我还是个孩子的时候，我就从母亲那里了解到，事业是人生中最重要的事情。她认真地告诉我"没有事业，你什么都不是"，并用她的行动证明了她的认知。她总是把工作放在第一位，甚至放在我和我们的家庭的前面。我接受了这个认知，一直到我成年以后。

在我职业生涯的早期，我是一个工作狂。我所有的自尊都来自我的工作。我花了大量时间参加研讨会、创建研讨会，并开展我的个人、夫妇和团体治疗实践。这让我失去了家庭和平衡的生活——事实上，如果我一直按照自己的价值观而不是我母亲的价值观生活，平衡的生活对我来说会更重要。

直到几年后世界经济陷入低迷，我才放慢脚步，开始质疑母亲灌输给我的潜意识。我的职业生涯突然出现了巨大的空白，随之而来的是恐惧和轻微的抑郁，我别无选择，只能开始面对这个问题：我的自尊从何而来？在克服这一挑战的过程中，我很幸运地发现了我所缺失的经验：我不需要做任何事情就能理解自己的内在价值。我错过的经历——我的新真理——是："不管有没有事业，我都是有价值的。我值得过一种平衡的生活。"

自从有了这些自我发现，我花更多的时间与家人和朋友在一起。我也在锻炼、度假和旅行上投资——毫无愧疚——因为我知道充电和恢复活力是多么重要。

## 第五步：进行释放

继续你在步骤 4（进一步释放伤害事件，伤痛和愤怒的感觉，以及限制的认知）中所做工作的一个有力的方法是通过身体释放。这将进一步把陈旧的、有毒的能量从你的身体和精神中移出。我再次敦促你们参与到这个象征性的努力中来，即使它在你们成熟的头脑中看起来有点幼稚。如果你能让你的不信任暂停仅仅几分钟，我相信，你能感受到这个练习对情感的影响。

## 练习：释放你身体的感觉

1. 如果不太麻烦的话，选择户外一个美丽的地方，你可以在那里单独思考一会儿。边缘是理想的——海岸、河岸、森林的边缘、山顶或悬崖。

2.从你周围的环境中捡一些你可以扔掉的来自大自然的东西——小石头或中等重量的棍子通常是最好的。收集足够的物体，这样，当你需要扔掉它们的时候，你手边就有足够的供应。

3.当你准备好了后，花点时间进入内在。把注意力集中在你的呼吸上，进入你内心的一个安静的空间。

4.现在想想触发事件。看看那些画面，感受那些情绪，倾听让你如此愤怒或痛苦的旧的消极认知。让它再次进入你的身体。

5.一旦你的身体经历了这个事件，你就拿起第一个释放物体（石头或棍子）并把它放在你的心口。想象一下你经历中的能量从你的身体流向这个物体。

6.尽你所能地把它扔开，扔出边缘。用你的声音尖叫、喊叫、咆哮，或者制造其他的声音——只要能让你从你的系统中获得更多的能量。

7.如果你完成了这次释放，仍然感觉身体里还有电荷，就继续扔掉另一个物体并发声，直到所有的负面能量消失。

记住，为了从这个练习中得到最大的收获，你需要在尝试用这种仪式清除能量之前，按照之前的步骤完成这个过程。先完成第 4 个步骤，你就更有可能触及问题的核心，从而准备好彻底释放它。

如果这个练习不吸引你，你可以用其他方式体验同样的释放。例如，找一个私人空间，甩一甩四肢，释放负能量。或者，双腿站直，用双手把一个小小的、坚硬的运动球靠在墙上。身体向双手之间的球倾斜，让压力从手臂向球内流动。

如果你不能像上面描述的那样在户外找到一个地方，那么就发挥创造力吧。无论你在哪里，都尽你所能多做练习，其余的，运用你的想象力。事实证明，身体和大脑并不能区分现实和想象。事实上，世界上许多顶级运动员都会在练习中花一部分时间想象自己表现完美，而不是进行实际的训练。例如，如果你的物理空间是有限的，或者你需要考虑不能打扰别人，你可以直接进入一个你的声音会被屏蔽的封闭空间，比如壁橱或汽车里。然后想象你把能量聚集在一个物体上并把它扔出去。就像上面的练习一样，重复想象，直到你感觉所有的能量都消失了。

进行这种练习并获得回报并非只有唯一的方法。想想你还有哪些其他的释放仪式。再来一次，发挥创意。

在本章中，你通过正念所经历的愤怒释放，是你生命中的一个重要转折点。现在，你已经准备好朝着更积极的方向前进了。

如何正确生气

# 转向原谅和感恩

童年创伤的愈合、长期压抑的愤怒释放，都具有极大的解放作用。突然间，你的情绪橱柜有了容纳新鲜、积极情绪的空间，你的能量也增强了。以正念审视转变过程中的感受，我们或许能够连接两种值得赞赏的情感：原谅，它为过去的事情烙上最后的封印；感恩，它让你迈向一种焕然一新的、更丰富的、更有意义的生活。

## 原谅是什么？

原谅是治愈的重要部分，但没有原谅，治愈也会发生。虽然原谅听起来很容易，但人们经常发现这是一个挑战——不管他们是想原谅自己，还是原谅别人。我想这是因为原谅被误解了，我们大多数人多少对它有一些误解。因此，我们从什么是原谅、什么不是原谅开始讨论是有意义的。

原谅是放下我们对别人的不满或评判。当我们释放对自己的不满时，这叫作自我原谅。就像愤怒一样，当我们感到被冤枉时，原谅的问题就出现了。例如，你可能会怨恨你的伴侣花大把时间在办公室，怨恨他没有空闲时间陪你。你把伴侣的行为解释为对你的看法或感觉发生了变化，你因为缺乏关注而感觉受到了冷落。如果你不觉得被冒犯了，那就没有必要原谅。

在第8章的第四步和第五步，你做了练习来充分体验和释放隐藏的感觉。然而，即使你完成了这些步骤，你对这件事的情绪控制也几乎消失了，你仍然有可能并没有真正原谅，或者有意识地放下你的不满，因为那个人的行为导致了你的愤怒或痛苦。如果不采取额外的步骤，最初的伤害事件会继续捆住你生命能量的一部分，让你与过去绑在一起。因此，原谅的结果是更大程度的接受与平和。

## 关于原谅的误解

**误解**：原谅意味着我原谅另一个人的行为——我表示他过去所为是可以接受的。

**真相**：原谅意味着接受已经发生的事实，并找到一种解决问题的方法，继续富有成效地生活。

误解：原谅通常意味着，我需要告诉对方，他／她得到了原谅。

真相：你是否愿意原谅完全取决于你自己。你可以根据具体情况来决定。

误解：原谅意味着我不应该对这种情况有更多的感觉。

真相：原谅可以是一个循序渐进的过程，开始于原谅的意愿。它的范围随着你释放越来越多愤怒或伤害的感觉而扩大。例如，你可能会原谅你的配偶晚餐迟到；然后，当你克服潜在的感觉时，你可能会原谅配偶对工作的专注。

误解：原谅意味着你们之间没有什么需要解决的了，你们之间的一切都很好。

真相：当你决定原谅那个人的时候，进一步的讨论——以及你们关系中额外的改变——可能也是必要的。借用前面的例子，你们可能会坐下来讨论各自的需求，并想办法找到更多时间待在一起。

误解：原谅意味着我应该忘记曾经发生过的事情。

如何正确生气

**真相：** 有了原谅，就没有必要忘记，因为你能看到你经历的价值。在克服了这些感觉之后，你知道了自己需要做些什么，来强化自己的界限或满足自己的需求，这样你就能在未来更好地照顾自己。你可能还记得这件事，但不会被这件事束缚。

**误解：** 原谅意味着我必须继续在我的生活中接纳这个人。

**真相：** 有时候你会原谅一个人，但可以选择不再让他出现在你的生活中。

**误解：** 原谅是我为别人做的事。

**真相：** 原谅一个人可能会减轻另一个人的负罪感，帮助他从这件事中走出来。但你原谅他并不是为了那个人的利益。原谅别人是为了你自己，让你自己从怨恨、痛苦和过分沉溺于过去所造成的束缚中解脱出来。你这样做是为了释放那股能量，从而活在当下。

## 是什么阻止人们原谅？

原谅是一个复杂的决定，包括我们对自己的感觉，以及我们对别人做了什么、说了什么，或未能做什么、说什么。你不愿意原谅一个人，可能是因为他从未因自己的错误而道歉，但还有其他更自私自利的理由：

1. 你在寻找惩罚或报复的机会。换句话说，一切还没有结束。
2. 你需要感觉自己在掌控你们的关系，你认为自己在每一个分歧中都是正确的。你认为自己比别人优越——原谅就意味着丢脸。
3. 你不知道如何解决这种情况，所以更容易抓住怨恨不放，而这会给你一种强大和可控的感觉。
4. 你想和那个人保持联系，而愤怒和怨恨可能不是积极的，但它们仍然让这种联系继续下去。
5. 这是保持距离的一种方式。
6. 你对肾上腺素及其提供的力量和活力上瘾了。
7. 你从受害者身份上获得了一种自我意识。

这张清单有趣的地方在于，这些需求和不安全感大多源于缺乏与个人真实经历的联系、缺乏与真实想法和感受的联系，而这种联系会让我们理解自己的界限和需求。当我们审视自己的内心世界、更多地了解自己时，我们自然就能更好地掌控自己的生活，复仇的诱惑变得远没有那么强烈。我们对正确的需求随着自我意识的增强而减少。我们知道如何以健康而非破坏性的方式与他人联系。我们不会通过沉溺于肾上腺素或其他东西来逃避我们的真实感受。我们不再喜欢充当受害者的想法。

## 关于报复的神话

说到报复，很多研究表明，这种倾向实际上是在大脑中根深蒂固的——某些快乐中枢仅仅在我们认为惩罚了曾经伤害过我们的某人时才会被激活（坎宁汉，2004 年）。进化心理学家认为，这种报复的欲望是我们早期生理机能中的一种固有机制，以确保我们作为一个物种的延续。对于生活在群体中的生物来说，对那些伤害了群体并扰乱了群体的人采取报复行动，是阻止其他人未来犯错的有效方法。然而，有趣的是，尽管我们通常幻想通过实施报复会感觉更好，但研究结果表明，我们通常在实施报复后感觉更糟。报复不能代替真正的平静，而这种平静来自接受在令人沮丧的事件中发生的情况，拥有并体验我们对于它的想法和感觉，然后让这些感觉消失，而我们将以更健康的意识满足我们的需求。

## 选择原谅还是决定不原谅

只有当我们能够看到需要释放的情况的全貌时，原谅才能完成。这指的是接受已经发生的事情，理解它是如何发生的、为什么会发生，并看到由此产生的一切——包括明显的坏和不那么明显的好。所以，想要原谅，我们需要抱持正念，以更宽广的视野看待已经发生的事情。

这一扩展的视野的一部分，包括承认和接受我们共同的人性及其在感知和判断上的缺陷。有时，我们所有人都是在限制性认知和参考框架的影响下行动的，它们是我们在痛苦的生活经历中形成的，不再为我们带来最佳利益。这样一来，我们对待自己和他人的方式就不同于更宽广、更开明的意识指引下的方式。几乎每个人都伤害过别人，也可能犯过伤害自己或害人又害己的错误。这是生活的一部分，是我们学习和成长的一部分。从这个角度来看，做出原谅的强大转变可能是因为我们希望在这样的情况下被原谅，而不可能出于其他任何原因，除非是情况发生逆转。

而且，当我们不肯原谅别人的时候，我们对他们的心理印象就会被削弱到仅仅包含他们的冒犯行为，看不到他们给我们生活带来的好处。然而，我们都有好的一面，也有不好的一面，我们会把它们带到我们的关系中。在这种情况下，耿耿于怀会欺骗我们，让我们看不到全部真相，并导致我们错过与某人的美好体验。用正念来考虑我们的关系，可能有助于修正我们的经验。

请注意，有时我们只是不愿意原谅。也许是伤害太深，或者那个虐待者太残忍，或者他对发生的事情没有表示遗憾。给自己一点时间，考虑一下在这种情况下，

如何正确生气

原谅是否合适，是否应该留待今后。原谅在你确定、完全感受、表达和释放由他人行为引起的愤怒和痛苦之前——换句话说，在通过第一步到第四步释放愤怒的过程之前，你不应该试图过早地原谅。

假如你对触发事件没有更多的感觉，你觉得你愿意并且准备好原谅，那就请继续下面的练习。

## 练习：如何原谅

1. 找一个安静的地方，让自己至少有15分钟不被打扰。

2. 决定用什么方式来表达你的原谅——亲自出面或写信。当你做这个练习的时候，请记住，你要有选择性地与他人分享信息，你可以自由决定把任何信息留给自己。

3. 做几次深呼吸，然后回想一下那个令人愤怒的事件。接受所发生的事情。为了能够原谅，你需要承认并接受所发生的事实，包括已经发生的事件以及你是如何受到影响的。否认会让任何原谅的尝试只是停留在口头上。

4. 承认你所经历的成长是所发生事情的结果。在完成愤怒释放过程的第1步到第5步之后，你已经体验了你的想法和感受，并获得了对你潜在需求的有价值的洞察力。在这一步中，花几分钟充分认识触发事件是如何让你成长的。这一步的好处是，你认识到这不仅仅是一个痛苦的事件。即使曾经发生过，它现在也已经伤害不了你了。你不仅活了下来，而且成长了。

5.现在，你的想法转向相关的其他人。正念练习可以帮助你理解他们是如何经历这种情况的。首先，考虑那些限制性认知或扭曲的参考框架。他们试图满足什么需要？同时，提醒自己，原谅并不意味着你忘记所学到的东西，或者允许自己再次被以同样的方式对待。此外，希望他们也能像你一样从这次经历中获得成长和学习的好处。你不必祝愿他们一切都好，只要他们能在未满足的需求和引导他们采取过去行动的参照框架之外有所收获和成长就行了。

6.选择是否向对方表达你的原谅。经常这样做会带给你们更大程度的平静，但这绝不是疗愈的必要条件，而疗愈是原谅的首要原因。

7.无论你是直接表达对他人的原谅还是只对自己表达，都要说出"我原谅你"，然后在你认为对你和你们的关系有好处的时候，尽可能多地解释。

如何正确生气

8.最后一步，祝贺自己。原谅别人是尊重自己的一种美妙方式。它昭告天下，你应该活得幸福。毫无疑问，原谅带来的平和与力量是幸福人生的关键因素。

## 当需要原谅的人是自己

如果你就是那个需要原谅的人呢？原谅自己往往是最难做到的。虽然我们有时对别人的评价很苛刻，但我们通常对自己更严厉。我们都曾对出于无知或自负而伤害他人或自己的行为——有时是灾难性的行为——感到后悔。要是有一个宇宙撤销按钮就好了。那么，原谅和随之而来的补偿可能是亡羊补牢的选择。

当我们承认自己的错误时，往往倾向于严厉地审视自己。那是因为我们期望自己能做到最好——我们希望自己做的每件事都是完美的。原谅自己需要放弃这种完美主义，并对自己采取一种不同的观点和认知——生活是为了学习，真正的完美在于不断努力提高自己，而不是避免错误。世界上没有十全十美的事，但我们仍然可以追求卓越。当我们追求完美时，我们看到的只有缺陷。这可能是一颗难以下咽的药丸，因为打击自己的感觉是如此自然。这可能要再一次追溯到我们在原始部落的日子，那时候，我们的大脑根深蒂固地认为，不要做任何会影响群体福祉的事情。

当我们犯了一个对自己或他人造成伤害的错误时——如果我们真心想让事情变得更好——我们需要原谅自己。因为惩罚自己对任何人都没有好处，它只会把我们和过去的错误绑在一起，让我们受伤、感到渺小，无法对我们伤害过的人（或其他人）做出积极的贡献。如果我们不抱持正念来处理自己的感觉，不自我原谅，我们就会永远被困在愤怒、羞耻、内疚、悲伤和其他消极的想法和情绪中。自我原谅不仅是处理愤怒的工具，也是应付所有不舒服的感觉的工具。

我还希望你能考虑到，即使你不再生活在那些被你伤害过的人的生活中，你也无法改善他们的生活或弥补他们的损失，但事实仍然是，你值得拥有幸福。这需要自我原谅。下面的练习将教你如何自我原谅，然后采取行动进行弥补。

## 练习：原谅自己并做出补救

在我们释放因犯了错误而产生的负罪感和其他感觉之前，有几个步骤是必需的。

1. 你必须承认你所做的一切，包括你的行为和由此产生的后果。当我们完全接受我们应对发

如何正确生气

生的事情所负的责任时，就更容易为未来的选择承担责任。

2. 其次，重要的是要理解你为什么要这么做。通过情感正念，重新体验当错误发生时你的感受。带着同情和负责任的态度去做这件事，不要找借口或辩解，而是要明确你想要满足的需求，考虑到你当时拥有的参考框架。当我们理解了自己的参考框架，就会明白我们已经尽了最大努力。了解我们试图满足的需求，可以引导我们找到更有建设性的方式，来满足现在和将来同样的需求。

3. 接下来，承认你在经历触发体验中所学到的一切，以及你在思想和感觉上所做的所有个人工作。你今天比出事前好了多少？你学到了什么？它们会如何改善你的生活？

一旦完成了这三个步骤，你可能就准备好原谅自己了。如果是的话，继续第4条。如果你觉得在你原谅之前需要赎罪，跳到下面的第5条。

4. 简单地说"我原谅自己"，或者是一个描述性的肯定，表明你打算原谅自己并继续前进，而不是一直困在自我鞭挞中。这可以是这样的："我原谅自己的错误，允许自己今天继续向前行。"或者："过去的就过去了，我无法改变它。

尽管如此，我今天仍然是自己生命中一个有爱心的管家。"另一个你可能想尝试的肯定是莱因霍尔德·尼布尔在戒酒互助会中使用的宁静祷文。在我们前进的过程中，它帮助我们专注于有能力改变的东西："上帝赐予我宁静，让我接受我不能改变的；给予我勇气，让我改变我所能改变的；赋予我智慧，让我分辨其中的差别。"

5. 如果你的选择或行为伤害了其他人，你可以向那些人表达你对于你给他们所造成伤害的理解，并道歉："我为自己给你造成的痛苦感到抱歉。"

6. 接下来，你需要弥补——把你的遗憾付诸行动，把你的行为所造成的损害降到最低——"把错误变成正确"。赎罪是非常强大的力量，它可以改变你的一生。

在选择如何弥补时，发挥你的创造力。如果你不能做一些事情来直接影响那些你伤害的人，那就帮助那些需要帮助的人。这是你能做的最好的事。想办法让别人的生活更美好，这不是为了惩罚自己，而是为了让自己放下惩罚，过上对世界有价值、有成效的生活。例如，如果你因为在别人需要的时候没有倾听而伤害了他们的感情，那就花时间去倾听那些需要被倾听的人。如果你给别人造成了身体上的伤害，那就做一些事情来促进他们的身体痊愈。用你的时间、天赋、技能或金钱去帮助那些需要帮助的人。

7.最后，我们需要从错误中吸取教训，并将其应用到我们未来的行动中。不只是打算做得更好，你还需要制订一个计划来让自己走上正轨。问问你自己："我要怎么做才能确保不再犯同样的错误？"这需要你全身心投入，时刻保持专注。

8.现在，你正在尽你所能让事情变得更好，也许你会更容易原谅自己。试一试吧，你要知道，让自己一直陷入自我惩罚的消极模式中不会有任何好处。你可以说："我原谅自己所犯的错误，我允许自己以最好的方式继续前进。"

9.祝贺自己采取了这些步骤来原谅自己，意识到自己值得拥有幸福！

## 心怀感激之情

消极的想法和情绪会降低我们的情绪能量。当我们处理自己的感觉时，我们有机会把我们的思维模式转为积极的想法和情绪。改变我们的情绪能量是通过我们的思维模式完成的，尽管想要感觉更好并采取行动确实需要一些意志力，但补救方法真的很简单。这就是感激。感激可以立即帮助你把思维和精力从愤怒和受害者的陷阱中转移出来，进入一个更高、更强大的心境。

感激——把我们的思维集中在我们要感恩的事情上，集中在我们爱的东西上——是如此强大，对我来说，这是神圣的。如果你的思维是积极的，如果它们反映了感激之情，你的能量就会随之而来，你的脚步就会充满活力。你会感到精神振奋、精力充沛。这与受害者思维所产生的相反。

通过激励我们，感恩带给我们希望，激发我们解决问题的方法。它使我们进入一种合作而不是竞争的模式，更容易找到解决方案。它还有助于我们表现得更好，因为当我们怀着感恩之心时，我们就会关注生活中大大小小的快乐、我们的机会以及我们让自己更富足的能力。在这种心态下，恐惧是不可能存在的，因此它不会阻碍我们进步。怀着感恩之心，我们会积极寻找解决办法，而不是像受害者那样沉湎于问题之中不能自拔。

不管你所处的环境如何，也不管你经历过什么痛苦和失去，感恩能给你今天的生活带来积极的改变。只要发现哪怕是一件值得感激的小事，并将这种感觉保持 15~20 秒，你就能感受到情绪和生理上的巨大提升。感恩赋予你快乐。

虽然感恩很简单，但并不总是意味着很容易。在我们采取积极行动之前，我们通常想要感觉良好，但在这种情况下，我们需要采取一个小的行动。因此，培养感恩之心需要一些意志、自律和实践。这非常重要。你必须有让自己感觉良好的意愿，即使你不喜欢，你也必须通过自律来迈出一小步，帮助你做出改变。当你偏离轨道，感到恐惧、愤怒或绝望时，也需要练习。把注意力放在让你感觉更好的事情上，这需要练习来转移你的精力。我推荐下面的练习来培养感恩之心——使它成为一种根深蒂固的存在方式。

## 练习：每天列一个感恩清单

请牢记感恩之心，并使它成为一种习惯，当你遇到困难时便可以依赖它。现在，你需要马上开始，并坚持下去。

1.给自己准备一个小笔记本，用来表达感激之情。把它标记为你的感恩日记。

2.早晨的第一件事，就是列出你要感谢的事情。想想你生活中美好的每一件事——即使你并没有得到你想要的一切。不管多大的事或者多小的事，都在考虑范围之内。例如，也许你身体很好，或者正在做一个有趣的项目，或者你正在上喜欢的新课程——也许你只是在上班前读到这篇文章，享受着一杯美味的咖啡或茶。即使是那些一无所有的人，也能找到他们想要感激的东西。

3.如果可能的话，把你的感恩日记带在身边，当你经历了或突然想起来让你感恩的事情时，随时在日记里记录下来。

4.晚上睡觉前，回顾一下白天记录的清单。

你今天过得怎么样？你有没有发现自己真的开始寻找生活中的美好了？感激你所拥有的让你感觉如何？这些感觉会怎样改变你的行为方式？

尽管养成感恩的习惯需要时间，但我敢肯定，如果你试着这样做哪怕一天，你就会惊讶地发现这有多振奋人心，这种感觉将转化为更有建设性的行为。找一个你可以经常练习的时间和地点来养成这个习惯。例如，可能你散步时更容易感恩，因为你天然地喜欢待在户外。这种思维过程对我们的幸福感和精力水平的影响是惊人的。

感恩的力量也能在我们的人际关系中发挥神奇的作用。当我们专注于消极的事情时，人际关系会受到影响，而当我们表达感激之情时，对他人给我们的生活所带来的一切心存感激会让我们的人际关系变得更牢固。在这个练习中，你将有机会写信给那些你很容易爱上的人，以及那些以不太明显的方式给你的生活带来好处的人。

如何正确生气

# 练习：写一封感谢信

1.找一个安静的时间，回想一下你的生活中那些你最爱、最钦佩或最欣赏的人——他们在某种程度上让你的生活变得更好。他们可以是父母、老师、朋友，甚至是你最喜欢的书、电视节目或电影中的公众人物或虚构人物。把你喜欢的人都列在一张清单上，然后选择其中一个人来做这个练习。你一旦选定了这个人，就把他的名字写在一张新纸的顶部。

2.接下来，花几分钟回忆这个人以及他在你生命中的意义。想想这个人的优点、美德和其他令人钦佩的品质。它们对你有什么好处？在这个人的名字下面列出你最欣赏的品质（如慷慨大方的、富有洞察力的、温柔体贴的）以及他对你的生活所做的贡献：当你需要听到一个真理时他是否直接告诉了你，或者在你需要的时候他是否给予了你爱和支持？也许这个特别的人教会了你要有底线，学会大声告诉别人"不"。想想你想要感激的是什么，以及这个人如何积极地帮助你塑造了今天的自己。

3.现在，给这个人写封信，表达你的感激之情。写信的内容和方式并没有一定之规——只要你敞开心扉，分享想法和感受即可。试着放轻松，玩得开心，并享受在你表达感激之情时流淌的爱的能量。然后，如果你愿意，把这封信寄出去。如果这个人死了，或是虚构的，或是无法联系到，就把信发表在博客里、放在坟墓上，或者在你自己的某个特别仪式上烧掉它。

4.现在，和你列表中的另一个人重复步骤1~3，或者可以增加一个额外的挑战：想想一个在某些方面与你对立的人，他们某种程度上也塑造了你现在的生活。我们有时称之为"小暴君"。即使他们让你烦得要死、批评你、羞辱你，但你是否能找到他们给你的生活带来的好处？给他们写一封感谢信，感谢他们对你做出的贡献，然后选择是否寄给他们。

5.尽可能多地和你喜欢的人一起做这件事。

# 珍 妮

42岁的珍妮是我的一位病人。她给母亲写了这样一封感谢信。

亲爱的妈妈：

我要感谢您做出的榜样，尽管它只是让我学会了什

如何正确生气

么不该做。谢谢您让我知道，取悦别人、按照别人的价值观生活并不是生活的真谛。做事取悦别人确实是我应做事情的一部分，这是我给我爱的人带来快乐和建立连接的重要组成部分，但这需要与照顾自己相平衡。谢谢您让我知道我也是有价值的。回首往事，我看到您总是为别人牺牲自己——放弃您所拥有的一切，让我们的生活更美好，就好像您认为自己不重要、您的生活和成就感都不重要似的。我真心希望您能明白，让自己的生活变得美好对您自己也很重要。我从您身上学到了人生中最重要的一课：我必须要先让自己过得好，然后才能给予别人，只是因为我想给予，而不是因为我必须给予。

从愤怒的负担中释放出来后，你现在可以更容易地与你所有的情绪连接起来。也许更重要的是，你可以与你生命中重要的人建立连接。第 10 章表明，同样的正念练习将帮助你把愤怒转化为一种积极的体验元素，从而让你的人际关系和情绪自由有所收获。

# 正念与情绪
# 自由的连接

"如果你为了报复母亲而停止了自己的生活，你必须放弃什么？又会得到什么？"在我参加过的一次研讨会上，一位心理学家向我提出了这个问题，而这个问题改变了我的人生。

　　在人生的前十七年，我一直努力想要赢得母亲的爱，而她却羞辱我、指责我，试图阻止我享受我与其他人的关系。于是，接下来的十七年中，我一直在报复她。我花了很长时间才拿到学士学位，因为我故意不及格，好让她感到丢脸。当然，我短暂地结了婚，这样她就得为一场奢华的婚礼买单。让她更加痛苦的是，我又很快离婚了。

　　这是第一次有人指责我的行为，突然，我顿悟了。我发现，我被动表达愤怒的方式使自己把精力集中在伤害最亲近的人上。没有空间留给爱、同情和理解。我可能伤害了我的父母和其他人，但我也伤害了自己。更糟

如何正确生气

糕的是，我放弃了那些本来可以让我快乐的人际关系。

心理治疗帮助我放慢了脚步，用心地探索自己的感受，克服了对表达愤怒的恐惧。我学会了如何突破限制性认知——例如，我需要变得有趣，为了被爱而取得伟大的成就——以及建立友爱的关系和真实的生活。通过探索和释放愤怒——大部分是几十年前的愤怒——我也能够敞开心扉，与他人建立起一种我从未经历过的亲密关系。

当然，虽然只要一页左右的篇幅就可以描述个人的转变，但这实际上需要大量的时间和精力来实现。也许，最困难的事情是你必须诚实地看待自己，接受你的感觉，学会处理和释放它们。这并不像发泄你的愤怒、挥舞一个象征性的出气筒或通过散步来释放压力那么简单。你需要了解愤怒是如何运作的，并将能有效利用愤怒的这些见解用来增加你的自我认识，改善你与家人、朋友和生活中其他重要的人的沟通。你甚至必须花更多的时间，用心去探索深埋在童年创伤里的那些被压抑的愤怒，这样你才能将自己从关于自己和人际关系过时的、受限制的想法中解救出来。

然而，需要考虑另一种选择：在重复旧有的愤怒和处理由此产生的焦虑、疾病和关系问题会浪费时间——多年的时间。我向你保证，你在探索愤怒，学习如何有效地表达它、释放它等方面的投入，是一笔相当不错的交易，成本低廉——它将在未来许多年里，给你以及与你互动的每个人带来回报。

当你理解了自己的愤怒，你就能发现自己需要什么来增进个人的幸福，并引导你的反应来帮助你实现目标。通过释放旧日的愤怒，你就进入了一个给你的生活带来新活力和兴奋的能量库。在你新的情绪自由中，你可以用一种新的开放度和脆弱性去接触那些已经是你生活一部分的人以及你将会遇到的其他人，这会让亲密关系得以发展。

通过检查自己的愤怒和学习如何有效地释放它，你已经获得了知识和经验，掌握了一些必要的工具，你需要采取更积极的生活方式。回顾一下我们处理愤怒时学到的一些策略：

- 尽管社会鼓励我们压抑自己的愤怒，但这样做会给我们的生活带来各种各样的负面影响，从身体疾病、抑郁到各种自我挫败的行为。
- 愤怒给我们带来重要的信息，如果我们采取相应的行动，就能过上更快乐、更健康、更充实的生活。
- 如果我们学会识别愤怒的感觉和我们的反应之间的空间，我们就可以避免无意识的反应。
- 通过控制冲动反应，我们可以针对具体情境，选择对我们最有利的方式说话或行动。

如何正确生气

- 通常，我们的愤怒是由基于我们对过去观念的假设和期望所引发的，而不是因为我们直接与实际现实打交道。
- 使用正念工具来释放我们的愤怒，是在原谅和感激的精神指引下取得进步的方法。

这些同样的工具可以帮助改变我们与生活中重要的人之间的互动方式，这样我们就可以建立起爱的关系——这是我们为自己设想的生活的核心。这是因为，我们如何处理愤怒和冲突会在我们人际关系的成功中扮演关键角色——有益的连接与压抑的情绪和有限的交流是不相容的。

正念是关键。我们先来检查一下支配着许多关系的反应性策略，这样我们就能理解我们决心改变的行为。

## 反应行为如何损害人际关系

我们已经看到，从人类诞生之初就存在于我们基因密码中的"战斗或逃跑"反应是如何减少我们有效处理愤怒情绪的机会的。压力荷尔蒙充斥我们的身体，关闭我们大脑的理性部分——新皮质。我们逃跑和躲藏，或者攻击和否认。我们没有用心检查发生了什么，也并未有意识地选择如何回应。

同样的事情也会发生在人际关系中：一个好朋友说了一些伤人的话；一个浪漫的伴侣似乎遥远和疏离；小孩子脾气暴躁，心烦意乱；老板或同事在已经排满的日程上提出新的要求。在上述任何一种情况下，你的第一感觉都可能是心跳加速、气血上涌。当你处于反应状态时，这些感觉会驱使你做出破坏性的行为。

　　你可能不会在意朋友说了什么、是否故意侮辱你，而只是用你自己的侮辱方式来回击他。你可能不会问你的伴侣发生了什么事让他／她看起来很孤僻，而是指责他／她或者干脆走开。你很可能会惩罚或威胁孩子，而不是帮助他们冷静下来，以便你确定造成他痛苦的原因。你没有解释工作量的增加对你造成了哪些困扰，而只是愤愤不平地接受了增加的工作量。

　　当处于反应模式下，你可能会把琐碎的事情演变成全面的危机。假设你的朋友说："这本书对你来说可能太严肃了。"你以为他的意思是你看不了这本书。也许他只是在想，你平时谈论的那些书轻松些。他说的"严肃"是什么意思？也许这本书是你不喜欢的学术巨著。"我没想到你认为我很蠢"并不是一个有效的回答。你可能会说："再详细说说，我自己来决定。"但如果你习惯了被动状态，你就不太可能做到这一点。

　　在这种模式下，你可能只是在自言自语，即使是两个人在说话。

如何正确生气

**杰克**：你回家后就没说过一句话。我又做错什么了？

**艾米**：我今天工作很糟糕。

**杰克**：告诉我吧。我知道车库有点乱。我这周末就去做。

**艾米**：我都没注意到。我太累了。

**杰克**：你知道，你最近好像总是很累，至少在家里是这样。你在工作中做了什么让你这么累？

**艾米**：杰克，我今天过得很糟糕。别说了，好吗？

当一方或双方在反应模式下进行讨论时，他们什么也得不到。他们会各说各话，实际上听不到另一个人在说什么，但即使一次只有一个人在说话，另一个人可能也没有在认真听。很多时候，沉默的一方都在考虑接下来他该说些什么以赢得这场讨论。当这种情况发生时，所有人都输了，因为没有人真正被倾听。

显然，在反应模式下，人们不会真正注意对方，但他们也不会意识到自己的语言、语调或肢体语言。一旦你陷入反应模式，你就可能无力阻止它。就像从滑梯上滑下来一样。一旦你爬到梯子的顶端，并被推入滑道，你在到达底部之前是没有办法停下来的。通常情况下，即使你的伴侣在开始时没有反应，但如果反应是你的习惯模式，他也可能会朝那个方向移动——你可能在艾米对话的结尾听到她说"别说了"。或者伴侣可能会完全封闭自己，在沉默中让自己感到安全。

反应模式会导致一方或双方都小心翼翼、害怕引发新的愤怒的争吵。虽然可能没有身体暴力，但这仍然是一个虐待环境。更糟糕的是，真正的问题——激烈争论背后的分歧和冲突——从未被揭露。正如你在这本书中学到的，压抑情绪是不健康的，也不是富有成效的。在人际关系中也是如此。真正的人际关系和亲密关系需要开诚布公的交流。

在我们这个极度活跃的社会，刺激从各个角落轰击着我们，人们很容易陷入反应模式。当代文化的新关键词是多重任务。除非我们同时做几件事———一边用平板电脑看天气，一边用智能手机发送短信，所有这些都发生在我们做晚饭、孩子还在问关于他作业的问题时。这样，我们就没有多少时间进行自我反省，更不用说对建立与他人的连接深思熟虑了。


## 在人际交往中使用正念练习

正念是反应性行为的反面。这是一种你可以练习的技能，当你掌握了它，你就会扎根于当下，注意自己的

如何正确生气

语言、感觉和行为——尤其是它们将如何影响你周围的人。你将不会屈服于纯粹的反射，而是能够放慢速度并有意识地控制你的反应。第5章中讨论过的"冲动控制策略"非常有用处。花点时间去注意胃里的结节或者热得发红的脸，并打开这些感觉所传递的信息，你就能深思熟虑而富有成效地回应，而不去争论、逃避或假装一切都很好。

如果你准备重塑自己在生活中与他人交流的方式，与朋友、熟人、同事、父母、兄弟姐妹、孩子和浪漫的伴侣建立新的亲密关系，正念练习是你最有效的工具。

为什么正念练习如此必要？因为良好的关系不是偶然产生的。诚然，一些人可能从童年时代的熏陶和榜样中获得了更好的人际关系技能，但对绝大多数人来说，获得快乐、健康的人际关系需要付出大量的学习和辛勤的努力。要做到这一点，首先需要了解健康、快乐的关系是什么样的，要弄清楚我们"在哪里"。这是否意味着没有冲突，总是意见一致？还是说我们的需求和目标有时会冲突，但我们知道如何与对方互动，以尊重和同情的方式解决分歧？

当然，答案是后者——因为作为个体，没有两个人是完全相同的，我们不可能一直或在大部分时间里形成一模一样的生活感知。尽管这是显而易见的事实，但不知何故，我们似乎总是希望人际关系是轻松和无冲突的。有这一梦想的人注定要失望。

　　然而，我们可以学会以一种专注于理解他们从何而来的方式对待他人，并在每种情况下关心其幸福。事实上，这样做是我们的责任。追求自己的目标和快乐是可以的，但如果我们真的在乎别人——朋友、亲戚或爱人——我们就应该花同样的精力帮助他们得到需要或想要的东西。有了这种态度和技巧并助其付诸行动，你会惊讶地发现，沟通和亲密会迅速取代愤怒。

## 正念的责任

　　奥普拉·温弗瑞曾说过，她在家里、办公室和化妆间都张贴了一条标语，上面写着："请为你带入这个空间的能量负责。"我希望在人们互动的所有地方都能看到这个标志。无论我们走到哪里，我们的情绪——包括愤怒——都会产生一种能量，这种能量会对与我们交往的人产生强大的影响。

　　正念是贯彻这条明智建议的一种合理方式，它能让我们冷静下来，为我们给人际关系带来的能量负责。我们需要意识到自己在做什么、说什么，注意自己如何回应周围的世界以及它如何对我们做出回应，并对我们的思想、言语和行为负责。这是我们获得真正超越自我的力量、更有意识地创造美好生活的唯一途径。正念有助于培养耐心、慈悲和智慧——这些优秀的品质可以增进我们自己的幸福，并帮助我们成为他人生活中的积极力量。

当我们与他人在反应模式下交流时，我们基本上放弃了对他人言语或行为的控制，放弃了对自己愤怒的感觉或者限制性和非理性认知的控制，放弃了对我们的身体遵从古老的"战斗或逃跑"防御机制而释放的化学物质的控制。我们会做出对的或错的假设，甚至在没有受到攻击的时候，也会构筑防御心理的言语壁垒。我们表现得好像我们无法控制情境或自己的行为。无论结果如何，总有人要为让我们有了这样的感觉和行为而负责。

事实恰恰相反。我们可能无法控制环境中的一切，也无法控制别人的感受或想法——尽管有人想这样做。然而，我们有权决定如何看待环境、想要寻求哪些信息以及选择什么样的行为和语言来回应。你可以有所选择，即使你的选择是将你生活和人际关系的成败归咎于他人。只有当你承担起责任时，你才能改善你的处境。

这包括对你过去可能的损害性或破坏性行为负责。然而，它并不意味着你是有害的或具有破坏性的。一旦你意识到你所做的事情以及你如何影响周围的世界，你就能发生改变。就像你学会在愤怒诱因和被动行为之间采取措施一样，你也能学会在你对自己和他人做出伤害性消极行为之前停下来。

在研究愤怒的时候，我们会发现，童年的经历——即使是那些我们不太记得的经历——会让我们觉得自己不配拥有我们所追求的幸福。如果你还没有抛弃这个想法，那现在就是时候了。就像我之前说过的，你值得拥有幸福。事实上，每个人都如此。当我们建立诚实和情感健全的关系时，我们都值得享有舒适、快乐和支持。唯一阻碍你实现这个目标的就是你自己。当然，你需要改变那些不利于培养你想要的人际关系的破坏性模式，这一直是一个挑战，尤其是当你试图改变童年时形成的行为时。然而，如果你能牢记你要等待着的回报，如果你能修复对现有关系造成的伤害，或者在一个更健康的基础上创造新的关系，你就能前进。

为了对自己的所作所为负责，你需要从反思愤怒在人际关系中所扮演的角色开始。如果你严格地审视自己及互动方式，就能发现问题所在。这是一种关系待办事项列表。最大的挑战是做出并保持一个持久的承诺，以改变你的思维和行为方式。作为交换，你将夺回掌控自己生活的权力。在本书中，你在理解愤怒并有效释放它这方面所取得的成就，现在可以投资于改变你与他人的关系。

为了让你对在人际关系中所做的选择负责，做一做下面的练习。

如何正确生气

# 练习：制作有害行为清单

匿名戒酒会让它的成员列出他们伤害过的人的名单。你也可以列出那些激起你愤怒的人，以及那些因此被你伤害的人。这尤其有助于你了解目前的人际关系模式，特别是当你在交流中暴露出的愤怒还没有被处理和释放的时候。所以，列一个这样的清单，针对清单上的每个人回答以下问题：

· 这个人做了什么激怒到你？

· 你是如何回应的？（你当时的感觉如何？你说了什么？做了什么？）

· 回过头来看，你认为在事情发展的过程中有哪些责任是你应负的？

· 如果你现在可以和那个人说话，你会说什么？你会有什么不同的做法？

当你列出不同人的名字时，看看这些年来有什么与引起你愤怒的原因以及你的反应模式有关。当你继续整理清单时，请保存这些记录。你的许多愤怒事件是否与别人的批评、粗鲁或不负责任有关？还是与不公平或不公正有关？或者是与否认、权利或无能有关？现在看看你的反应模式。你是否变得戒备并做出反击了？或是退出争论，筑起一堵防御的墙？这个练习很有用处，让你意识到还需要做哪些工作，以调查和释放往日的伤害以及你还没有解决的问题，并查看你最重要的关系出现了怎样的问题。这是你有意识地、用心地以最好的方式支持你和你所爱的人的第一步。一切都始于意图。

## 建立正念联系

很多道歉的话语中都包含了"我不是故意的"这种经典句式："我不是故意伤害你感情的。""我不是故意让你生气的。""我不是故意让你难过的。"不言而喻的——也许是不愿意承认的——信息是："当我说或做任何给你带来麻烦的事情时，我并没有注意到你。"

虽然在某些情况下，我们确实没有意识到我们可能按下了一个按钮，或者我们可能重新撕开了一个伤口，但在通常情况下，这些无意的怠慢不是出于错误的意图，而是根本没有意图。没有意识到生活中重要的其他人的情绪和没有意识到自己的情绪有着同样的负面后果。如果不识别和关注自己的情绪，你就无法获得真正的情绪自由；如果不关注那些你认为你在乎的人的感受，你就无法发展一段真正的关系。

想想我们在第 1 章和第 5 章中遇到的那对夫妇：史黛丝期待在星期六的联谊会上结交到一些新朋友，而基思只想待在家里看 DVD。由于缺乏处理愤怒的正念方法，两个人都没有获得公开表达需求的情绪自由，最终两人都变得愤怒和受伤。在这个情境中，两人谁都没有关注对方的需求。

但如果史黛丝没有生基思的气，没有强迫他一起去，而是说："我知道，你整个星期都在努力工作，周末需要一些空闲时间。问题是，我希望联谊会能帮我交到朋友，这样你不在的时候我就不会那么孤单了。"或者，如果基思不是默默地、愤恨地表示同意，而是这样说："我本来很想趁孩子们出去了和你在家看一场电影，在沙发上依偎着待几个小时。我怀念我俩有孩子之前的美好时光。"

想象一下，如果基思和史黛丝各自说出他们的分歧，会发生什么。也许他们会折中一下——一起去参加一个小时的联谊会，然后回家看电影。也许他们会同意让史黛丝自己去参加联谊会——这样她甚至可能会更容易与新朋友建立联系。任何结果都会比实际结果好。基思怏怏不乐地跟着她走，而史黛丝觉得他并不在乎她的孤独。

在他们的关系中，史黛丝和基思都没有培养出一种基于正念的意识。他们只关注自己的需要，而不考虑对方的需求。当然，他们都不想伤害另一个人，但他们也没有向另一个人付出任何爱或关心。

拥有一段基于正念的关系意味着你要仔细考虑你的每一段关系：你想从这段关系中得到什么？你对这个人的真实感觉如何？一旦你决定要这个人做你的伴侣——或者是朋友——当你和对方交流时，就要牢记这个目标。

　　在浪漫的伴侣关系中，当你们意见不一致或发现陷入冲突时，牢记你们的爱尤为重要。你对这个人的长远打算应该是最重要的。但它们也可以成为你日常生活的一个特点：为你的交往带去积极的能量，你很快就会看到好处。

## 冲突当中的双赢目标

　　在分歧中，留心对方的需求非常重要。当我们陷入冲突时，我们往往只想赢。我们希望自己是对的，觉得自己被他人的言语或行为所轻视或冒犯，希望他人改变在我们看来是错误的做法。我们不介意输赢的局面有多大，只要不是输家就行。有人说，人们不在乎赢，更不在乎输。那是因为失败是对自我认同的侮辱。然而，这种态度纯粹是基于反应性的，完全无助于改善人际关系、创造良好感觉或促进人与人之间的理解。在一段私人关系中，只要有一个失败者，疏远就会产生，某种程

如何正确生气

度的亲密也会丧失。

那么，在冲突中获胜意味着什么呢？尽管与认知相反，但胜利并不总是意味着正确。胜利意味着你的观点被倾听，你的需要或愿望以一种保持你的尊严并尊重你的界限的方式被满足。为了完全理解在冲突中获胜是什么样子，我们需要快速复习一下人类的基本需求和界限。

## 回顾需求和界限

我们每个人都有需求，从基本的食物和住所的生理需求，到情感和心理上对亲情、接纳、独立的渴望等等。为了与他人和谐相处，人们需要平衡需求——在一个家庭中，即使只有两个人也很难做到这一点，更不用说有三个人、四个人或更多了。假设你正在和一位客户通电话，儿子乔想让你看看他创建的东西，你是否会中断电话来给予他想要的关注？假设丈夫下班回家，只想让你安静地听他说几分钟话，而女儿莎莉正在等着吃晚饭，你先满足谁的需要？这些问题的答案很少是一成不变的——在很多方面，每种情况都是独特的。活在当下、抱持正念、意识清醒，对每个人——包括你自己——都有爱的意图，这对选择深思熟虑而不是被动反应的行为大有帮助。

通过与内心世界保持一致，你可以意识到你的情绪在表达你自己的需求。通过尊重这些需求并向你的家人描述它们，你教会了别人尊重你的需求。你也可以邀请他们公开地、诚实地分享他们自己的需求，并为他们提供一个不包括愤怒和责备的行为模式。下面是几乎所有人都有的一些基本需求。

- **尊重**：尊重是健康的情感关系的基础。没有尊重，很多愤怒就会产生，因为界限被跨越了。想想这些年来，因为一些兄弟姐妹胆大妄为地进入其他兄弟姐妹的房间而产生的愤怒——这些能量足够照亮芝加哥。这里的另一个关键原则是，虽然行为可能令人反感，但人永远不会。尊重有助于维持重要的界限和健康的自我意识。

- **时间和关注**：你向别人表达爱的最有力方式之一就是给予他们时间和关注。成为你存在的焦点，会让别人觉得自己是重要的、有价值的、被呵护的、被欣赏的、被接受的。

- **情感**：情感是我们用身体和语言对爱和连接的表达——拥抱、亲吻、搂着肩膀或腰、轻拍脸颊——简单地说"我爱你"。这可能是激情前戏的一部分，但简单的感情在你们的关系中应该有自己的位置。

- **认可**：我们在成长过程中会寻求父母的认可，而无论我们是否得到了这些认可，我们都一直需要

如何正确生气

那些我们在意的人的认可和支持。简单的赞美是一个很好的开始。

· **安全性、可预见性和一致性**：我们都需要可预见性和一致性。当我们应对生活给我们带来的变化时，我们需要一个安全的基础。我们最亲密的关系应该为我们提供这种支持的基础，反过来，我们也需要可靠地支持我们认为我们爱着的那些人。

· **自主和控制**：无论我们的关系变得多么亲密，我们都需要保持一个独立的身份、一种自我意识。我们应该理解和接受，我们生活中的其他人会有自己的优先事项，而这些优先事项有时可能会优于我们。

为了建立有爱的关系，我们必须总是带着实现双赢的目的来处理冲突，这样双方离开时都会对交换感到满意。

### 反意志现象

当我们在尊重双方需求的情况下解决冲突时，也会避免引发反意志，即人类对被控制的内在抗拒。没有人喜欢被强迫、哄骗、操纵或以某种方式逼迫自己行事。虽然这种抵抗可能没有被公开表达出来，但它仍然存在，引发处于抑制状态的愤怒。这条路不会有好的结局。

真正的改变只有在人们出于内心的动机和愿望而行动时才会发生：你可以改变自己，却改变不了别人，不管你们有多么亲近。当你发现自己陷入冲突时，其他人需要知道你是希望他们的需求能得到满足的。除了无意伤害他们之外，你必须让他们知道你爱他们——你希望他们得到最好的。这需要大量的专注和承诺来做，尤其是在紧张的情境下，这就是为什么清理你可能储存的任何陈旧的愤怒，对于你与他人的互动是如此重要的情绪功课。没有这种情绪自由，我们就很难建立起连接。

有了情绪自由和良好意愿，对于维护健康的关系，你已经成功过半了。为了让你走完剩下的路，你需要对自己及其互动方式保持持续专注，并采用一套强有力的实用策略和技巧来促进健康的关系。我的整本书都致力于这些策略的教学和建立这些技能，下一章将继续做出介绍，助你行稳致远。

如何正确生气

# 化愤怒为沟通

正如正念观照下的愤怒可以给我们带来情绪自由，正念观照下的关系也可以带来我们彼此需要的亲密和支持。这两个区域之间的联系是有道理的：陷入困境的关系经常导致愤怒，而消极对待愤怒又必然破坏关系。虽然本书的关注重点是愤怒，但我们不可避免地会观察到很多关系，尤其是两个人意见相左或目标不一的情况。在每一个案例中，正念都提供了一个富有成效的替代选择。

例如，在第1章中，我们看到了贝丝——一个愤怒抑制者——默默地忍耐丈夫诺姆不断满足其前妻凯伦的要求的行为。如果贝丝承认了自己的愤怒，而不是抑制它，她可能会和新婚丈夫探讨她需要丈夫的陪伴和关心——而不是充满责备的对话。考虑到他的担忧，她可能已经为诺姆打开了一扇门，让诺姆讨论他一定已经感受到的冲突——他对贝丝的感情与他和凯伦以及孩子的联系两者之间的冲突。与此同时，她本可以告诉他，她多么需要他的陪伴和关心。其结果是，贝丝和诺姆可能会因为共同面对这个问题而变得更加亲密。谁知道呢？另一个结果可能是凯伦会放开她对诺姆挥之不去的依恋，追求新的伴侣和新的家庭圈子。每个人都能获得更多的爱。

在第 6 章中，我们遇到了金妮。她认为，她的朋友爱丽丝午餐时分心是她们友谊破裂的一个信号——爱丽丝不再关心她或不再重视她的陪伴。如果金妮以正念观照爱丽丝的行为，而不是草率地下结论——如果她关注爱丽丝而不是自己的话——她可能会问她的朋友为什么会烦恼。也许爱丽丝只是在办公室里度过了糟糕的一天，或者她希望有机会讨论更复杂的问题——甚至是她和金妮之间的困难局面。不管结果如何，她们离开餐桌的时候都会觉得关系更加亲密了。

正如这些描述所显示的，为得到你所需要或想要的，关键往往在于沟通：清楚地表达你需要什么，这个人可以做什么来帮助你满足需要，同时也注意到其他人的欲望和感觉。如果我们在要求所需要或想要的东西时感到脆弱或不安全，我们可能以另一种让对方望而却步的方式提出要求：在沟通过程中变得苛刻、强硬、让人消沉，或者以间接的、被动攻击的方式惹恼对方。当然，这些策略通常不能让我们达成合作，因为它们侵犯了对方的自我意识，或让对方感到内疚。最有成效的讨论是警觉对方对冲突的看法，对对方的需求保持敏感。

这个策略即使在最平凡的环境中也会有用。不久前，我得知自己需要做一些牙科检查。由于没有购买牙科保险，我请办公室经理帮我估算一下医疗费用。结果让我大吃一惊。一时间我情绪激动——我怎么能负担得起呢？钱从哪里来？他们为什么要这样对我？——你肯定知道这是怎么回事。

然而，在我即将暴跳如雷之时，我先做了几次深呼吸，认真思考了一下。和我一样，牙医也是专业人士，他的专业知识和服务应该得到公平的报酬。我没有生气，也没有花时间去比较是否能在别处找到更好的价格，而是和办公室经理聊了聊。我解释说，这是一大笔钱，而且我没有买保险，想知道他们能否优惠一点。这样的回应为我赢得了很大的折扣。

如果你一直听任愤怒爆发或将它压制在心里，你可能需要花费一点时间来转变交流模式，而这非常有助于改善我们与生活中重要的人之间的关系。

## 沟通方式的类型

有四种基本的沟通方式，都与我们如何应对生活中不可避免会产生的愤怒情绪有关。在前三种类型的人身上更易激起愤怒。

　　　　　　　　如何正确生气

- **侵略性沟通者**：这种类型的沟通者的特点是大喊大叫或带有侮辱性，这种侵略性不止表现为高音量。侵略性沟通者想要控制他们的环境和其中的每个人。在通常情况下，其他人都没机会说话。就像愤怒发泄者一样，侵略性沟通基本上是反应式的。尽管——或者可能因为——他们一般都低自尊，但好斗的沟通者经常在谈话中气势汹汹，以任何分歧为借口责备别人，并坚持自己的观点，直到对方屈服。
- **被动沟通者**：这是愤怒抑制者的特征，这种交流方式几乎完全相反。被动的沟通者话不多说，而寥寥几句话往往包括道歉。除了偶尔爆发一下，他们不会说出自己的想法或捍卫自己的权利，屈辱或委屈也不会被察觉。他们的肢体语言也很克制，可能会尽量避免眼神交流。
- **被动攻击型沟通者**：这是另一种适合愤怒抑制者的沟通方式。虽然被动攻击型交流者会竭尽全力避免冲突，但他们的愤怒可能会在批评或讽刺中微妙地显露出来。他们可能会把刻薄的话藏在天真的微笑后面，或者悄声低语，让你几乎听不清。
- **自信的沟通者**：对于已经学会使用愤怒的正念技巧的人来说，自信的沟通是一个具有很多优势的选择。自信的沟通者立足于当下，留意自己和他人的情绪，以协作的精神进行交流。他们直接而清晰地表达自己的需求，也真诚地倾听他人的目标和观点。

当你通过有效的方法发泄愤怒而获得情绪上的自由时，自信的沟通就变成这样一种选择——它会让你改善所有互动的结果，并给你最亲密的关系带来新的亲密感。

## 自信表现的检查单

- **放慢语速**：深呼吸一两下，等平静下来再说话。
- **填空**。没有人知道你的想法和感受，除非你告诉他们。即使是爱你的人也无法读懂你的想法。
- **有信心**。你有一个合理的观点，需要被人们倾听。
- **用细节代替笼统的陈述**。不要说"你从来没有做过任何家务"，而应该说"我需要你帮忙做家务，尤其是晚饭后打扫厨房"。避免使用"总是"和"从不"这样的字眼。
- **使用"我"的陈述语句**——注意前面的例子。
- **在你说话之前，回忆一下你对这个人最深层的感觉**。记住这一点，这样你的声音和

如何正确生气

> 肢体语言就不会流露出隐藏的愤怒。
>
> ·**知道什么时候该停下来。**别人应该有同样的机会发言和被倾听。

诗人玛雅·安杰洛说："我们尽可能做到最好，当我们知道得越多，我们就做得越好。"关于自信式沟通的好消息是，你可以在任何时候开始使用它：不管你使用了多长时间的低效沟通方式，想要立即得到效果，永远都不晚。虽然你的人际关系中可能存在着愤怒和怨恨的蓄水池，但你可以打破所有这些无益情绪的堤坝。当你改变与生活中重要的人相处的方式时，他们将逐渐学会相信你已经改变了，新的方向就成为可能。

自信的沟通传递了两个重要的信息，除了我们实际说出的话。首先，它给我们一种站在权力的立场上行事的感觉，告诉别人我们是强大和自信的。其次，它表达了对倾听——真正的倾听——的兴趣，知道别人要说什么。这样，我们就可以确保对他人的想法和感觉的准确信息做出反应，而不是根据扭曲的往昔经历做出错误假设。

## 自信沟通的基本原理

最重要的是，自信的沟通是你可以学习的，而且你不必到了上学年龄才报名参加这个课程。在成长过程中，你可能无法有效地处理自己的情绪也无法有效地与他人互动，但你仍然可以学习以一种直接的方式分享你的想法和感受，带着同理心和同情心与他人交往。一些基本原则可以作为你学习这一新个人技能的基础。

## 以双赢为目标

这本书的大部分重点在于找出你愤怒的来源，然后清楚地表达你的需求和界限。为了培养自信的沟通技巧，你还需要识别并考虑参与交流的其他人的需求和界限。

你可能想去意大利度假——实际上，你已经在心里规划好了行程安排，只需要买一张机票就可以出发。唯一的问题是，今年是你的伴侣第 25 次高中同学聚会，他一直期待着利用这个机会回到过去。分开度假的方案行不通，因为你的伴侣回到过去的一个重要因素是带你一起去炫耀。通过自信的沟通，你可以找到一个让双方都感到满意和被尊重的解决方案，双方都不会感到自己做出了牺牲或被迫顺从。

虽然有时必须权衡轻重缓急，但每个人的需求都应该得到尊重。只有双方都健康快乐，才可能有和谐的关系。另一种选择是怨恨和痛苦，这会产生更多——你猜对了——愤怒。

　　　　　　　　　如何正确生气

## 邀请情感分享

同居伴侣经常抱怨：有人回家时脾气暴躁或孤僻。反应性的回应是假定伴侣情绪低落与你或家庭环境有关。果断的解决方法很简单：询问对方出了什么问题，不要采用有挑战性的方式，而是带着真正的担忧去询问。

我们的文化对负面情绪有一种天生的恐惧：我们钦佩那些勇敢的灵魂，他们微笑着承受自己的痛苦、悲伤或失望，然后咽下眼泪。我们不想知道他们的真实感受，因为害怕他们的情绪表现触发我们自己的情绪，这会让我们感到不舒服。在亲密的伙伴关系中，当我们问"出了什么问题"时，我们很害怕对方会说出些什么：如果真是我俩出了问题怎么办？因此，我们让这些重要时刻在沉默中过去，而不是为潜在的冲突和它可能造成的伤害提供出现的机会。

其结果就是孤立。诗人约翰·多恩（John Donne）有句名言："没有人是一座孤岛。"但事实上，除非我们向他人伸出援手，否则我们都将被遗弃在自我的海岸上。沟通是建立联系的桥梁。抛出救生索并不是难事："你今天看起来有点难过。如果你想分享，我很乐意听。""失去父亲一定很痛苦。你过得怎么样？"

敞开心扉，让别人吐露想法和情感是唯一有效的连接方式。否则，我们就是在想象他们的内心生活，或者根据他们的行为做出假设。

## 学会倾听，听个明白

你可能还记得在学校课堂上的讨论。当一个学生讲话时，其他几个学生热切地挥舞着手臂，希望成为下一个发言的人。当他们这样做的时候，他们往往会把谈话从一个有趣的话题上转移开。这也是网络评论的问题所在。几乎没有人愿意翻阅网络评论，所以很多条目都是重复的或离题的。

这种情况的出现主要由于人们只专注于自己必须说的话，而不关注谈话中的其他各方。这是一种非常常见的现象，即便是两个人在一个安静的房间里进行最亲密的交流。

除非是生理上的耳聋，否则我们会不由自主地听到声音：我们的耳朵收集声音脉冲，然后将它们传递到内耳的神经末梢。我们的大脑会把声音转换成文字，但如果我们不去倾听，它就会停止工作。这是一种更加深刻的活动，在这种活动中，我们唤起对人和环境的记忆、感觉和知识，以理解文字背后的意义。

真正的倾听还包括同理心，下面我将探讨这一点。我把倾听放在首位，因为它提供了让同理心成为可能的原材料。别人的话语是我们与之连接的桥梁。记住，反过来也是一样。在很多方面，我们的语言对于我们生活中的人了解我们至关重要。

如何正确生气

这里有一些让你成为有效倾听者的建议：

- 关注当下。如果你在担心今天早些时候发生的事情或者你接下来要去哪里，你是听不进去别人的话的。如果有必要，让对方等一下，以便你可以理清思路。
- 降低防御。推迟谈话，直到你的愤怒或其他情绪被处理和释放。
- 记住你的意图。你的长期目标是什么？你对对方最深的感觉是什么？当你说话的时候，把这些积极的感觉留在你的心里。反映这些感受的语言和手势将帮助你俩记住当前冲突的大背景。
- 寻找联系。与其专注于你们的分歧，不如看看你们的共同点，然后把它们整合成一个解决方案。
- 重复你所听到的。时不时地重复对方的话。这样可以确保你的解释是正确的，同时你也给了对方修改其立场的机会。

有效的倾听能帮助你实现同理心：尽可能地接近你伴侣的真实内心想法。

### 践行同理心

设身处地为别人着想。这是我们谈论同理心时经常说的话。我想起一首经典的情歌——我无法引用歌词，但你知道它是怎么唱的：当某人在你的脑海里，在你的内心深处，他们真的是你的一部分。

对你生活中的每个人来说，这种程度的同理心可能无法达到，甚至遥不可及，但对你最亲近的人来说，这是一个重要目标。简单来说，同理心就是从别人的角度看世界。然而，同理心可以深入得多，而不仅仅是分享他人的感受。要像关心我们自己一样关心他人的幸福。缺乏同理心的人际关系的一个特点是，你假设对方和你有同样的需求和界限，以同样的方式体验生活。这种方法并不会让你走多远。很快，你会发现对方不是你想象的那样，并不总是和你有相同的偏好或观点。你喜欢独立电影的亲密感，而她却迫不及待地想看下一部暑期大片；你很想吃寿司，但一想到生鱼片他就反胃。更严重的是，你认为对宗教的依恋是你生活的基石，而对方可能认为参加教会过时了。这种差异可能会导致你们关系破裂，但同理心可以建立一座桥梁，使你们相互尊重。友谊通常基于共享的空间或活动。十年以后，还有多少高中或大学朋友仍然出现在你的生活中呢？你可能认为自己和高尔夫球友是最好的朋友，但是如果对方受伤了只能让他靠边站怎么办？

同理心——通过经常倾听他人的想法和感受得以发展起来——有助于建立亲密关系和尊重对方的个性。这是自信沟通的一个重要元素，你能够学会如何让它成为你生活的一部分。

如何正确生气

# 练习：试着使用同理心

1.想想你的伴侣、朋友、家庭成员或同事。

2.什么使他快乐？他高兴的时候是怎么表现的？他会用什么语言或手势来表达他的情绪？

3.什么使她生气？她是如何表现愤怒的——或者即使她没有表现出来，你是怎么知道的？

4.描述他最喜欢的食物、音乐、书籍和电影。

5.她喜欢什么活动？她擅长她的工作吗？她需要出类拔萃，还是仅仅满足于现状？

6.他喜欢你什么？你认为他讨厌什么？

7.有了这些信息，想想你能说些什么或做些什么来改善她的生活。

8.在亲密关系中，你可以写下这些问题的答案并与对方分享，看看你离正确的答案有多远。

# 同理心检查单

· 把注意力集中在正在说话的人身上。把你的手放在膝盖上或桌子上，不要做小动作。

· 表现出你在倾听。对方说话时看着他的眼睛，听懂了就点头，摸摸他的手，或者用其他手势来表示你在听。

· 表达你的尊重。听对方说完，不要讽刺或拒绝。如果你的愤怒增加了，请求休息，这样你就可以谨慎处理它。

· 用你自己的话重复伴侣说的话，如果你不清楚对方的意思，可以问问题。

· 认可对方的情绪。即使你不同意某个观点，也可以承认对方有权表达自己的感受。

## 表达你的感受

了解每个人的感受是自信沟通的一个重要组成部分。倾听、学习、理解、感同身受并不意味着你忽视自己的感受。这本书的目的是给你工具和灵感，你需要意识到自己的感觉和需要，这样你就可以做出有效的选择来照顾自己。下一项技能是沟通你想要什么、需要什么，或不责怪、羞辱或贬低他人的关键。当然，我指的是使用自我陈述的经典沟通技巧。

假设伴侣建议出去吃晚餐，下面有四种不同的回应方式。

1. 侵略性沟通者："你总想着下馆子而不在家做饭。你为什么不自己做点东西呢？"

2. 被动型沟通者："我们可以去。"

3. 被动攻击型沟通者："如果你真想出去吃，我陪你一起去。我想我们付得起。"

4. 自信的沟通者："今晚我有点恶心，我宁愿待在家里。"

尽管说话者可能无意控制或批评，但使用"你"通常就是一种控制或批评的方式。请注意侵略性沟通者如何迅速将邀请转化为指责他人。当被动型沟通者和被动攻击型沟通者附和时，他们隐藏着不情愿，而让自信的沟通者承担责任。我们可以对比更多的例子，看看如何使用"我"而不是"你"来改变词语的影响力，即使是那些传达消极信息的词语。

- "你对我着装的评论真的很无礼。你让我在你家人面前出丑。"

- "我对我们拜访你家感到生气。听到关于我外表的负面评论让我很尴尬。"

- "如果你不知道如何做某件事，你应该提前说出来。你把这里弄得一团糟，我得花上一辈子的时间才能收拾干净。"

- "我不知道你做这件事有困难。我现在演示给你看，下次你就知道怎么做了。"

**学会谈判**

当我们开始烹饪时，我们通常使用烹饪书。即使我们的水平比只会煮鸡蛋或用微波炉加热冷冻晚餐稍高，我们也常常会向专家或专业人士寻求帮助以提高这些技能，并学习用新的食材或新的烹饪方法。

解决冲突也有"菜谱"。当你开始在你们的关系中走向自信沟通时，它们可能对你有用。例如，一种策略是，在冲突中把你的注意力限制在你能够和愿意做的事情上，以解决问题。每一方都对相互之间的问题进行反思，对他在其中的角色负责，并描述他将采取的解决问题的步骤。参与者不会指指点点，也不会告诉对方该做什么。这是一种产生相互尊重而不是愤怒的策略。记住，在一开始这会让你觉得很陌生，因为它与我们倾向于防御和责备的做法正好相反。下面的练习会给你一些实践，这样你就可以慢慢适应这个非常重要的技能。

# 练习：专注于你能做的事情

1. 想想你最近和伴侣、朋友、家人或同事发生的冲突。

如何正确生气

2.冲突的分歧关于什么？

3.现在，从你自己的职责领域出发，确定你可能采取的解决问题的步骤。记住，你不能要求对方改变，而是专注于你能做的和愿意做的，让事情变得更好。

4.然后，如果你愿意，和对方分享这个策略，邀请他和你一起解决冲突。提醒对方，你们每个人都只能说明自己要做什么，而不是期待对方做出改变。

## 说声对不起

道歉是必然会发生的。尽管你的初衷可能是好的，但你会说或做一些你认为会让其他人受伤害的事情。20世纪70年代一部经典电影中的台词是这样说的：爱意味着永远不必说"对不起"。但我们需要知道，爱是为冒犯的行为承担责任，并应在必要时一遍又一遍地说"对不起"。换位思考是很好的第一步。

我们都曾承受过情感上的痛苦和失望。最有可能的是，我们希望得到一个道歉。为什么？我们想要知道，冒犯我们的人是否承认我们的痛苦以及对方在造成我们痛苦这件事中所扮演的角色。道歉必须是真诚的，否则只会让情况更糟。一个恰当的道歉就像涂在灼烧伤口上的药膏，能祛除我们的疼痛，而另一个人的触摸能抚慰我们，让我们平静下来。

现在回到冒犯者的位置上。以下是如何确保你道歉时做得正确的方法：

- 为你说过或做过的错事真诚地道歉。
- 让对方知道你有心改正错误。
- 承诺尽最大努力避免重蹈覆辙。
- 告诉对方你有多爱他／她——没有什么比这更重要了。
- 请求原谅。
- 通过改进行为来遵守你的承诺。

认真对待自己和人际关系会减少你有意或无意造成的伤害。此外，当每个人都被倾听、听见和尊重对待时，各方都会更倾向于为已被承认的不公平而道歉，并希望纠正错误。这是同理心的美妙副产品——当我们理解别人的感受时、当我们给他们带来挫折或痛苦时，我们会感到懊悔。如果我们不倾听自己的感受，尤其是自己的愤怒，如果我们不倾听那些与我们亲近的人，这一切就不会发生。

如何正确生气

## 就像生气一样，冲突可能是好事

　　这本书有一个非同寻常的前提：生气是好的——它是你的朋友，可以改变你的生活。冲突也是如此。建立牢固、持久关系的唯一方法——重申一遍，是唯一的方法——就是利用冲突来了解对方，拥抱真实的人，并加深彼此的亲密感。自信的沟通是达到这一目标的手段。它让你将对抗视为一个机会，以识别和治愈过去的情感创伤，并与对我们重要的人建立联系。


### 如何进行一场文明而有益的争吵

　　遵循这些指导方针将帮助你安静地讨论你们的分歧，并将提高你得出成功结论的机会。

· 约定一个讨论的时间和地点，你们能单独在一起且至少半个小时不受干扰。

· 把手机、平板电脑和其他让人分心的电子产品放在另一个地方。清除你头脑中与竞争有关的想法。

· 不要责备或批评。坚持你的感觉和想法。明确告知对方，不要假设。

- 轮流发言。为了确保每个人的发言都得到尊重，必要时可以来回传递一个物体。谁拿着东西，谁就说话。在发言人停止讲话之前，倾听者不应该有任何回应。最好有一个人占主导地位，带一个计时器，约定每个人的发言时间。

- 不要大喊大叫。如果音量逐渐提高——或者愤怒似乎在积聚——双方都要暂停一下，直到双方都有时间检查自己的愤怒，并在正念观照下做出反应。

- 寻求共识。在讨论的过程中，留意双方的共同点。你甚至可以把它们写在便利贴上，这样你就可以看到自己在讨论过程中的进展。

- 用爱的表达结束谈话。即使你们在第一次讨论中没有找到解决方案，你们还是爱对方的，不是吗？当你们打算采取行动执行共同的决定或安排另一个时间讨论这个问题时，让这种爱在你的语言和手势中都表现出来。

如果在你成长的原生家庭中，冲突总是导致爆发愤怒甚至是暴力，你可能需要一段时间才能接受这一点。

如何正确生气

如果你的家庭在处理冲突时，总是向个性最强的一方让步，避免讨论——甚至仅仅是承认——差异，你可能同样需要一段时间才能接受这一点。然而，你可以学习另一种处理冲突的方法，并收获你努力的成果。

生气和冲突是交织在一起的，就像是先有鸡还是先有蛋一样。你为改变生气的反应和有效处理它所做的努力，将帮助你与生活中的每一个人自信地沟通，从当地咖啡馆的柜台职员，到分享你最亲密时刻的伴侣。养成用正念释放愤怒的习惯，会培养出正念关系，反之亦然。

你能做到的，从现在就开始吧。

# 崭新的你

　　祝贺！你把这本书读完了。现在，你应该感到更轻松、更自由，因为你已经卸载了大量曾经拖累你、阻碍你的陈旧而有毒的能量。你对自己也有了更深刻的认知：理解了你的愤怒情绪及其目的，更清楚自己的需求以及如何满足需求，获得了面对并解决新问题的各种工具。有了这种新发现的力量和智慧，你就获得了更好地享受人生、更密切地与他人连接的情绪自由。

　　一旦将正念工具运用于人际关系，你也就学到了一整套崭新的策略，可以应对与愤怒相关的各种冲突。我们与他人的互动是愤怒情绪的一个常见诱因。如果我们心怀怒火地跟人打交道，冲突就很容易产生。我们可以在正念的观照下，自信地沟通，抱持对他人的同理心来处理冲突，从而找到双赢的解决方案。

事实上，我们都受到相同的基本情感权利法案的保护。这个权利法案的第一条原则是，你有权享受你的感受。第二条原则是，你的感觉没有错，它们只是作为生活的一部分存在。第三条原则是，你的感觉是信使，向你传递有价值的信息。本书的主要目的之一，是鼓励你倾听感受所试图传递的信息。这很重要，因为你的感觉在那里引导你，教你认识自己，帮助你驾驭生活，使你能够得到更多你想要体验的东西。

实现了情绪自由，你就有力量尊重生活中其他人的同样的权利。这两个要素对充分发挥你作为一个人的潜力至关重要——有科学证据表明，大脑需要自我反省和密切的个人关系来完成其发展。但你不需要科学来告诉你，用正念释放愤怒会带来巨大的好处。

自从我取得突破以来，我已经在开放和关爱的关系中度过了三十年或更长时间。我和一个我爱的男人有一段二十年的成功婚姻，我也很珍惜我的继子女和孙子女。

经历的逆境越多，我就越愿意让自己感受到脆弱。我的友谊变得更强大，更快乐。我真实地生活着，而这种方式对年轻时的我是完全陌生的。

我悲哀地反思第7章中出现的克里斯蒂娜所遵循的

截然不同的生活轨迹。她在 9 岁时就失去了母亲，这已经很糟糕了。更糟糕的是，她的家庭中没有人能够帮助她处理悲伤。最糟糕的是，这个伤口在她的一生中不断溃烂，使所有的关系短路，虽然有些关系不可避免地会给她带来悲痛，但它们也会使她的生活更加丰富。

对于很多人来说，这种不愉快的结局并不是一成不变的，我们的原生家庭提供了糟糕的范例。也许你的童年未能让你了解愤怒和情绪在你生活中的作用；也许你仍然承受着童年时被虐待或被忽视的创伤；可能你没有获得沟通技巧，无法自信地展示自己，也无法以同理心和合作精神与他人互动。然而，所有这些都是过去的事了。

未来从现在开始。我希望在这本书的某个地方，你能找到让自己的思想、身体和心灵发生改变的词汇、短语或洞察力。无论你的情况如何，把愤怒和围绕它的所有痛苦记忆锁起来无济于事。最重要的是，当你释放了愤怒后，你也会发现自己解锁了人生中爱的机会。祝愿你在这段旅程中一切顺利！

Brandt, Andrea. *8 Keys to Eliminating Passive-Aggressiveness.* New York: Norton, 2013.

Casarjian, Robin. *Forgiveness: A Bold Choice for a Peaceful Heart.* New York: Bantam, 1992.

Cunningham, Aimee. "The Pleasure of Revenge." *Scientific American,* November 17, 2004. http://www.scientificamerican.com/article.cfm?id=the-pleasure-of-revenge.

DeFoore, William Gray. *Anger: Deal With It, Heal With It, Stop It From Killing You.* Deerfield Beach, FL: Health Communications, 1991.

Fischer, Kristen. "Ticked Off? Your Serotonin Could Be Low." She Knows, November 3, 2011. http://www.sheknows.com/health-and-wellness/articles/845939/ticked-off-your-serotonin-could-be-low.

Kurtz, Ron. *Body-Centered Psychotherapy: The Hakomi Method.* Mendocino, CA: LifeRhythm, 1990.

Lee, John. *The Anger Solution: The Proven Method for Achieving Calm and Developing Healthy, Lasting Relationships.* Cambridge, MA: Da Capo, 2009.

Luhn, Rebecca R. *Managing Anger: Methods for a Happier and Healthier Life.* Menlo Park, CA: Crisp, 1992.

Marshall, Marvin. *Parenting Without Stress: How to Raise Responsible Kids While Keeping a Life of Your Own.* Los Alamitos, CA: Piper, 2010.

Maslin, Bonnie. *The Angry Marriage: Overcoming the Rage, Reclaiming the Love.* New York: Hyperion, 1994.

Middleton-Moz, Jane, Lisa Tener, and Peaco Todd. *The Ultimate Guide to Transforming Anger: Dynamic Tools for Healthy Relationships.* Deerfield Beach, FL: Health Communications, 2004.

Potter-Efron, Ronald T., and Patricia S. Potter-Efron. *Letting Go of Anger: The Eleven Most Common Anger Styles and What to Do About Them,* 2nd ed. Oakland, CA: New Harbinger, 2006.

Robinson, Bryan E. *Chained to the Desk: A Guidebook for Workaholics, Their Partners and Children, and the Clinicians Who Treat Them,* 2nd ed. New York: NYU Press, 2007.

Siegel, Daniel J. *The Mindful Brain: Reflection and Attunement in the Cultivation of Well-Being.* New York: Norton, 2007.

Siegel, Daniel J. *Mindsight: The New Science of Personal Transformation.* New York: Bantam, 2010.

Stiffelman, Susan. *Parenting Without Power Struggles: Raising Joyful, Resilient Kids While Staying Cool, Calm and Connected.* Garden City, NY: Morgan James, 2010.

Susman, Ed. "Anger Drives Heart Attacks but Laughter May Be Antidote." Everyday Health, August 28, 2011. http://www.everydayhealth.com/heart-health/0829/anger-drives-heart-attacks-but-laughter-may-be-antidote.aspx.

Viorst, Judith. *Necessary Losses: The Loves, Illusions, Dependencies, and Impossible Expectations That All of Us Have to Give Up in Order to Grow.* New York: Free Press, 1998.

Whitfield, Charles L. *Boundaries and Relationships: Knowing, Protecting, and Enjoying the Self.* Deerfield Beach, FL: Health Communications, 1993.

如何正确生气